S. Dietze / G. Pönisch

Starthilfe Graphikfähige Taschenrechner und Numerik

Starthilfe Graphikfähige Taschenrechner und Numerik

Von Doz. Dr. Siegfried Dietze
und Dr. Gerd Pönisch
Technische Universität Dresden

B.G.Teubner Stuttgart · Leipzig 1998

Doz. Dr. rer. nat. habil. Siegfried Dietze

Geboren 1940 in Söbrigen, Krs. Dresden. Von 1960 bis 1965 Studium der Mathematik, 1972 Promotion, 1982 Habilitation an der Technischen Universität Dresden. Von 1965 bis 1990 wissenschaftlicher Mitarbeiter und seit 1992 Dozent am Institut für Numerische Mathematik der Technischen Universität Dresden.
E-MAIL: dietze@math.tu-dresden.de

Dr. rer. nat. Gerd Pönisch

Geboren 1953 in Roßwein / Sachsen. Von 1972 bis 1976 Studium der Mathematik und 1980 Promotion an der Technischen Universität Dresden. Von 1980 bis 1982 Softwareprojektant bei Robotron in Dresden. Seit 1983 wissenschaftlicher Mitarbeiter am Institut für Numerische Mathematik der Technischen Universität Dresden.
E-MAIL: poenisch@math.tu-dresden.de
INTERNET: http://www.math.tu-dresden.de/~poenisch

Gedruckt auf chlorfrei gebleichtem Papier.

Die Deutsche Bibliothek – CIP-Einheitsaufnahme

Dietze, Siegfried:
Starthilfe graphikfähige Taschenrechner und Numerik /
von Siegfried Dietze und Gerd Pönisch. –
Stuttgart ; Leipzig : Teubner, 1998
ISBN 978-3-519-00236-9 ISBN 978-3-322-94871-7 (eBook)
DOI 10.1007/978-3-322-94871-7

Vorwort

Graphikfähige Taschenrechner (GTR) werden wegen ihres günstigen Preis-Leistungs-Verhältnisses und ihrer Handlichkeit zunehmend in die Schul- und Hochschulausbildung integriert. Derartige Rechner bieten zur Zeit die Firmen CASIO, Hewlett Packard, Sharp und Texas Instruments an. Gegenüber den seit Jahren in der Schule verwendeten Taschenrechnern verfügt der GTR über ein graphikfähiges Display und Software zur Arbeit mit Graphiken sowie zur Lösung mathematischer und weiterer Aufgaben. Der GTR ist programmierbar, hat einen angemessen großen Hauptspeicher von wenigstens 16 Kilobyte und kann mit einem GTR gleichen Typs oder über ein Interface mit einem Personalcomputer kommunizieren. GTR, die über ein Computeralgebra-System verfügen, können verschiedene analytisch geschlossen lösbare mathematische Aufgaben durch symbolische Rechnung formelmäßig lösen.

Zur qualifizierten Nutzung eines GTR oder eines anderen Computers für wissenschaftliche Rechnungen sind sowohl Kenntnisse über die zu lösende Aufgabe als auch über die entsprechenden Möglichkeiten des verfügbaren Rechners einschließlich der verwendeten Algorithmen erforderlich. Aus der Tatsache, daß auf einem Rechner ohne Computeralgebra-System ausschließlich numerisch gerechnet wird und die numerische Rechnung auch auf einem Rechner mit Computeralgebra-System eine wesentliche Rolle spielt, resultiert die große Bedeutung der Numerischen Mathematik (Numerik) für die sachgerechte Rechnernutzung. Überdies entsteht durch den wachsenden Rechnereinsatz ein zunehmender Bedarf an Kenntnissen der Numerik. Dem trägt die vorliegende Starthilfe Rechnung. Sie ergänzt mit ihrer schwerpunktmäßigen Orientierung auf Numerik die nach wie vor sehr wichtige überwiegend analytisch ausgerichtete Ausbildung an den Gymnasien.

Die Starthilfe behandelt im ersten Kapitel den prinzipiellen Aufbau und die Arbeitsweise eines GTR. Kapitel 2 beschäftigt sich mit Genauigkeitsproblemen beim numerischen Rechnen. Dabei wird thesenartig auf die Rechnung mit Gleitpunktzahlen, auf die numerische Stabilität eines Algorithmus und auf die

Gutartigkeit einer Aufgabe eingegangen. Beispiele verdeutlichen die angesprochenen Probleme und wecken beim Leser Verständnis für die Eigenheiten des numerischen Rechnens. Den Hauptteil des Buches bildet das dritte Kapitel über die Standardmöglichkeiten der GTR zur Bearbeitung von Grundaufgaben der Numerik. Bei der Behandlung der einzelnen Grundaufgaben werden die ggf. erforderlichen theoretischen Grundlagen vermittelt, die auf den GTR zur Bearbeitung verwendeten numerischen Algorithmen sowie deren Möglichkeiten und Grenzen vorgestellt, um unerwartete Ergebnisse interpretieren bzw. vermeiden zu können. Zur Illustration dienen auch hier zahlreiche Beispiele, wobei die Möglichkeiten der GTR von CASIO und Texas Instruments im Mittelpunkt der Ausführungen stehen. Da die Bearbeitung der Grundaufgaben der Numerik auf den GTR weitgehend ähnlich ist, lassen sich diese Beispiele analog auf anderen Rechnern umsetzen.

Die Starthilfe hat einführenden und vorbereitenden Charakter und wendet sich an Studienanfänger, Schüler und Lehrer. Sie erleichtert den Einstieg in die numerische Lösung umfangreicher Aufgaben auf leistungsfähigen Rechnern und dient der Vorbereitung auf das Studium umfassender Lehrbücher.

Die Autoren danken Frau G. Terno, die Teile des Manuskripts sorgfältig geschrieben hat, und Herrn Dr. T. Schütze für die sachkundige Unterstützung bei der Arbeit mit dem Textsatzsystem TEX. Unser Dank gilt dem Teubner-Verlag und speziell Herrn J. Weiß für die konstruktive und angenehme Zusammenarbeit. Anregungen und Hinweisen stehen die Autoren aufgeschlossen gegenüber.

Dresden, Juni 1998

S. Dietze, G. Pönisch

Inhalt

1 Graphikfähige Taschenrechner

1.1 Einordnung und Leistungsfähigkeit

Unter einem Graphikfähigen Taschenrechner (GTR) verstehen wir einen leistungsfähigen Taschenrechner mit einem Graphikdisplay, s. Abschnitt 1.3. Ein GTR ist programmierbar, hat einen *Hauptspeicher* von wenigstens 16 Kilobyte und kann in der Regel mit anderen Taschenrechnern desselben Typs oder mit einem Personalcomputer kommunizieren. Derartige Rechner werden z. Z. von den Firmen CASIO (z. B. FX–7400G, CFX–9850G), Hewlett Packard (z. B. HP 48G), Sharp (z. B. EL 9400) und Texas Instruments (z. B. TI-82, TI-85, TI-92) angeboten.

Wir möchten ausdrücklich darauf hinweisen, daß die in vorliegender Starthilfe vermittelten Grundkenntnisse über *GTR und Numerik* ebenso für wissenschaftliche Taschenrechner ohne Graphikdisplay und für leistungsfähigere Rechner wie Pocketcomputer, Palmtops, Notebooks und Personalcomputer bedeutsam sind. Wir konzentrieren uns auf GTR, weil sie wegen ihrer Leistungsfähigkeit und Handlichkeit zunehmend Eingang an Gymnasien finden.

Diese Starthilfe ist zudem gleichermaßen wichtig für Rechner ohne oder mit *Computeralgebra-System.* Als Beispiel für einen GTR mit einem recht umfangreichen Computeralgebra-System verweisen wir auf den TI-92. Auch auf dem HP 48G sind Teile eines derartigen Systems verfügbar. Mit einem Computeralgebra-System kann man symbolisch mit Variablen und somit exakt rechnen oder wie auf GTR ohne Computeralgebra-System numerisch mit Gleitpunktzahlen, s. A1 in Abschnitt 2.1. Beispielsweise läßt sich damit ein eindeutig lösbares lineares Gleichungssystem, das auch Parameter enthalten kann, formelmäßig nach den Unbekannten auflösen. Man kann ein solches System auch numerisch lösen, allerdings müssen dann alle Eingangsgrößen wertemäßig bekannt sein, vgl. Abschnitt 3.5. Mit einem Computeralgebra-System läßt sich eine nichtlineare Gleichung formelmäßig exakt lösen, sofern die geschlossene Lösung möglich ist. Dagegen kann eine Gleichung „immer“ numerisch gelöst werden, vgl. Abschnitt 3.1. Ein drittes Beispiel ist das Integral einer Funktion. Durch symbolische Rechnung läßt sich das unbestimmte oder bestimmte Integral einer Funktion ermitteln, falls dies mit den üblichen Integrationsregeln wie Substitutionsregel, partielle Integration, ... möglich ist. Im Unterschied zur symbolischen Rechnung ist jedes bestimmte Integral einer stetigen Funktion mit einem geeigneten numerischen Integrationsverfahren berechenbar, s. Abschnitt 3.3. Der Nutzer eines Computeralgebra-Systems kann wählen, ob die jeweilige Aufgabe symbolisch oder numerisch gelöst werden soll. Auf dem TI-92 stellt man entsprechend exact mode oder approximate mode ein. Ist das Computeralgebra-System nicht in der Lage, die Aufgabe symbolisch exakt zu lösen, so erfolgt eine Mitteilung auf dem Display. Der Nutzer kann die Entscheidung aber auch dem System überlassen, das dann zuerst die exakte Lösung versucht. Beim TI-92 ist in diesem Fall auto mode einzustellen. Die Arbeit mit Computeralgebra-Systemen wird ausführlich z. B. in [11] und in [2] erörtert. In diesen Büchern sind schwerpunktmäßig die symbolischen Lösungsmöglichkeiten dargestellt. Es wird aber auch auf die numerische Lösung eingegangen.

Die symbolische Rechnung mit einem Computeralgebra-System stellt ein wichtiges Hilfsmittel zur analytischen Untersuchung einer mathematischen Aufgabe dar. Da die Mathematikausbildung an den Gymnasien bisher fast ausschließlich analytisch und auf geschlossen lösbare Aufgaben orientiert war, besteht jedoch die Gefahr, daß die Bedeutung der symbolischen Rechnung im Vergleich zur numerischen überschätzt wird. Wichtig sind beide Varianten, wie aus den in Tabelle 1.1 angegebenen jeweiligen Nachteilen ersichtlich. Für umfangreiche

Tabelle 1.1: Nachteile bei symbolischer bzw. numerischer Rechnung

Symbolische Rechnung	Numerische Rechnung
• Lösungsdarstellung oft unübersichtlich und nicht wie üblich vereinfacht • rechenzeitaufwendig • speicherplatzaufwendig	• alle Eingangsgrößen der Aufgabe müssen wertemäßig belegt sein (keine Parameter erlaubt) • Näherungslösung

Aufgaben ist die symbolische und damit exakte Lösung meist nicht sinnvoll und vielfach praktisch unmöglich. Soll beispielsweise ein großes lineares Gleichungssystem mit 1000 Unbekannten zur Charakterisierung eines Fachwerkes in der Baustatik oder eines elektrischen Netzwerkes gelöst werden, so wird die numerische Lösung bevorzugt. Damit wird noch einmal deutlich, daß die in der vorliegenden Starthilfe vermittelten Grundkenntnisse der Numerischen

Mathematik für alle Rechnertypen mit oder ohne Computeralgebra-System von wesentlicher Bedeutung sind.

Nach dieser kurzen Charakterisierung eines Computeralgebra-Systems wollen wir die allgemeine Leistungsfähigkeit der GTR – abgesehen von der eventuell vorhandenen Möglichkeit, symbolisch zu rechnen, und abgesehen von der Programmierbarkeit – etwas genauer beschreiben. Auf einem GTR kann in der Regel mit reellen und komplexen (Gleitpunkt-) Zahlen, mit Funktionen, Vektoren, Matrizen und Listen weitgehend global gearbeitet werden. Außerdem können auf dem Display erzeugte graphische Darstellungen gespeichert und abgerufen werden. Es gibt in dem auf das *Betriebssystem* aufgesetzten *Interpreter* eine große Zahl von Anweisungen, mit denen arithmetische oder logische Operationen ausgeführt, zahlreiche Aufgaben, wie z. B. die Berechnung eines bestimmten Integrals, bearbeitet und der Rechengang gesteuert werden können, sowie Anweisungen zur Arbeit mit Graphiken. Solche Basisanweisungen lassen sich sowohl einzeln als auch in einem Programm zusammengefaßt abarbeiten. Ausgewählte Aufgaben können in den bereitgestellten Menüs nutzerfreundlich und umfassend bearbeitet werden, wobei die entsprechenden Basisanweisungen von der internen Software aktiviert werden. Auf den meisten GTR können mindestens die Grundaufgaben der Numerik standardmäßig gelöst werden, auf die wir im Kapitel 3 ausführlich eingehen. Die dort im Abschnitt 3.6 behandelte Regression findet man in den Handbüchern im jeweiligen Kapitel zur mathematischen Statistik. Dies ist sachgemäß, wenn die Daten durch Meßfehler verfälscht sind und damit als Realisierungen von Zufallszahlen aufzufassen sind. Selbstverständlich lassen sich auch die üblichen Kenngrößen der empirischen Statistik standardmäßig berechnen. Die Graphikmöglichkeiten eines GTR erlauben für die angegebenen Aufgaben der Numerik und Statistik eine Veranschaulichung der Eingangsdaten und gegebenenfalls der Ergebnisse. Es können Punkte, Funktionen und Kurven graphisch dargestellt, Bereiche schattiert sowie rechteckige Teilgebiete einer Graphik markiert und vergrößert werden (ZOOM). Dreidimensionale Graphiken sind zur Zeit nur auf GTR der oberen Preisklasse möglich, wie z. B. HP 48G, TI-92.

Selbstverständlich gibt es auch Probleme bei der Arbeit auf einem GTR. Das Display ist zwangsläufig relativ klein und hat in der Regel nur 127×63 Graphikbildpunkte, vgl. Abschnitt 1.3. Ein erhebliches Problem in der Einarbeitungszeit stellt die Mehrfachbelegung der Tasten dar. Dabei gibt es aber rechnerspezifische Unterschiede. Während z. B. auf CASIO die Schlüsselworte der Anweisungen jeweils nur über eine Taste in einer der Belegungsebenen eingegeben werden können, hat man z. B. auf TI die Möglichkeit, ein Schlüsselwort aus dem CATALOG auszuwählen oder auch zeichenweise einzugeben.

1.2 Prinzipieller Aufbau und Arbeitsweise

Der Nutzer eines GTR sollte über den Aufbau und die interne Arbeitsweise prinzipiell informiert sein, s. z. B. [1]. Die Abbildung 1.1 zeigt in stark vereinfachter Form die wesentlichen Komponenten eines Rechners. Von außen

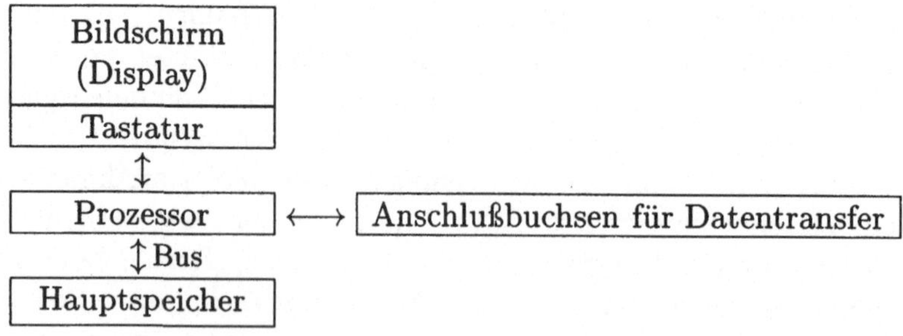

Abbildung 1.1: Prinzipieller Aufbau eines Rechners

sichtbar sind das Display, die Tastatur und die Anschlußbuchsen für periphere Geräte. Das Herz des Rechners ist der *Prozessor* (CPU; central processor unit), der in der Prozessorsprache geschriebene Anweisungsfolgen (Programme) abarbeiten und damit den gesamten Arbeitsablauf des Rechners steuern und Rechnungen ausführen kann. Der *Hauptspeicher* enthält Programme und Daten. Die Verbindung zwischen Prozessor und Hauptspeicher, aber auch zu weiteren Hardwarebausteinen stellt der *Bus* dar, der aus Adreß-, Daten- und Versorgungsleitungen besteht. Auf Hauptspeicher und Prozessor wollen wir jetzt etwas genauer eingehen.

Den Hauptspeicher kann man sich als Matrix mit einer großen Zahl von Zeilen und acht Spalten vorstellen. Jedes Matrixelement ist entweder mit Null oder Eins belegbar und entspricht einem Speicherplatz von einem Bit. Jede Zeile dieser Matrix enthält 8 Bit = 1 Byte Speicher. Die Matrixzeilen sind über Adressen in Form k-stelliger Dualzahlen ansprechbar, vgl. Abbildung 1.2. Bei GTR dürfte $k = 16$ sein. Mit 16 stelligen Dualzahlen sind auf diese Weise $2^{16} = 65\,536$ Zeilen der Speichermatrix adressierbar. So stehen maximal 65 536 Byte $= 64 \cdot 2^{10}$ Byte = 64 KByte = 64 KB Speicher zur Verfügung. Bei 15 stelligen bzw. 17 stelligen Adressen sind 32 KB bzw. 128 KB Speicher adressierbar. Werden 24 stellige Dualzahlen verwendet, können $16 \cdot 2^{10}$ KB = 16 Mega Byte = 16 MB Speicher adressiert werden. Stimmen die Stellenzahl der Adressen und die Anzahl der Adreßleitungen überein, so ist jede Zeile der Speichermatrix bzw. das entsprechende Byte direkt adressierbar und damit schnell erreichbar. Ein Teil

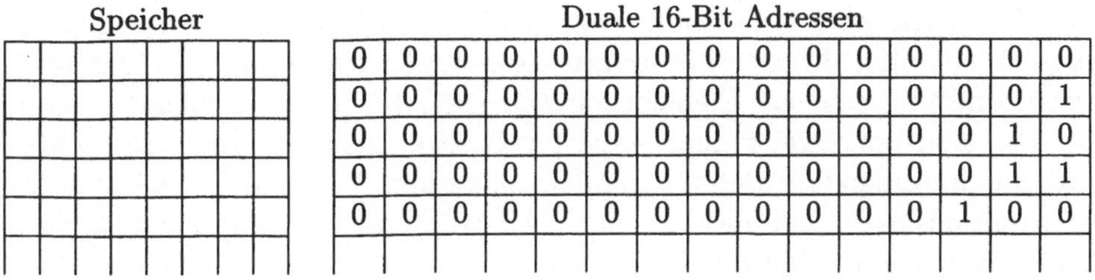

Speicher

Duale 16-Bit Adressen

0	0	0	0	0	0	0	0	0	0	0	0	0	0	0
0	0	0	0	0	0	0	0	0	0	0	0	0	0	1
0	0	0	0	0	0	0	0	0	0	0	0	0	1	0
0	0	0	0	0	0	0	0	0	0	0	0	0	1	1
0	0	0	0	0	0	0	0	0	0	0	0	1	0	0

Abbildung 1.2: Veranschaulichung des Hauptspeichers und der dualen Adressen

des Speichers ist für das Betriebssystem reserviert. Dieser Teil des Speichers ist als *ROM* (Read Only Memory; nur Lesespeicher) ausgelegt und kann vom Nutzer nicht beschrieben werden. Der wesentliche Teil des Speichers kann jedoch als Arbeitsspeicher genutzt werden und ist als *RAM* (Random Access Memory; wahlfreier Zugriff) konzipiert, d. h., hier kann gelesen und geschrieben werden. Im Speicher stehen die in Dualzahlen verschlüsselten Daten und Programme, die aus Folgen von Befehlen bzw. Anweisungen bestehen. Zur Speicherung der den jeweiligen Dualzahlen entsprechenden Bitmuster sind mehrere Byte erforderlich. Für eine Gleitpunktzahl werden auf einem GTR in der Regel 8 Byte Speicher verwendet. Zur Speicherung der Zeilen- und Spaltenzahl einer Matrix sowie der Indizes der Matrixelemente[1] ist jeweils 1 Byte reserviert, d. h., es stehen damit die Indizes 0, 1, ... , 255 zur Verfügung. Alphanumerische und Sonderzeichen werden mit Hilfe des *ASCII*-Kodes (American Standard Code of Information Interchange) als 1 Byte-Dualzahlen verschlüsselt. Dabei entspricht z. B. der große Buchstabe A der Dualzahl 0100 0001 bzw. der Dezimalzahl 65. Der Speicherinhalt eines Bytes kann also eine Zahl oder ein Zeichen bedeuten. Bei der Verarbeitung interpertiert der Prozessor den Speicherinhalt aus dem Zusammenhang heraus entsprechend der Befehlsfolge. Graphische Darstellungen werden punktweise erzeugt und gespeichert, s. Abschnitt 1.3. Zu jedem Bildpunkt wird die erforderliche Information wie Lage, Intensität und gegebenenfalls Farbe abgelegt.

Der Prozessor kann gewisse Elementaranweisungen bzw. Prozessorbefehle ausführen und Folgen solcher Befehle (Programme) abarbeiten. Über Programme steuert er den gesamten Arbeitsablauf und das Zusammenspiel der einzelnen Rechnerbausteine und führt Rechnungen aus. In den GTR sind gegenwärtig 16 Bit-Prozessoren eingebaut, die eine Verarbeitungsbreite von 16 Bit = 2 Byte haben. Der Prozessor ist mit dem Hauptspeicher durch den Bus verbunden, der 16 Adreß-, 16 Daten- und Versorgungsleitungen enthält. Er kann über die

[1] Siehe Unterabschnitt 3.5.1.

Adreßleitungen zwei aufeinanderfolgende Byte im Speicher ansprechen und deren Inhalt über die Datenleitungen lesen oder auch verändern. Der 16 Bit-Prozessor kann z. B. als Elementaranweisung zwei 2 Byte-Dualzahlen addieren. Die Addition zweier dual kodierter Gleitpunktzahlen von 8 Byte Länge wird durch Aufspalten der Operanden und unter Verwendung weiterer Elementaranweisungen auf die elementare Addition zweier 2 Byte-Dualzahlen zurückgeführt. Dafür steht ein Programm zur Verfügung. Die Abarbeitung eines Programmes erfolgt über die zentrale Steuerschleife, in der die folgenden Schritte in stark vereinfachter Darstellung abgearbeitet werden:

(i) Als Adresse wird diejenige genommen, bei der die erste Anweisung des Programmes beginnt.

(ii) Anweisung im Hauptspeicher lesen, dekodieren, gegebenenfalls Operanden im Hauptspeicher lesen, bei Anweisung HALT Abarbeitung des Programmes beenden, andernfalls Anweisung ausführen, Adresse der nächsten auszuführenden Anweisung ermitteln und (ii) wiederholen.

Für einen Durchlauf der zentralen Steuerschleife sind mehrere Takte erforderlich. Ein Taktgenerator erzeugt die Taktfrequenz, die bei GTR in der Größenordnung von 10 Megahertz =10 MHz = 10^7 Takte pro Sekunde liegen dürfte. Zu Vergleichszwecken sei erwähnt, daß heute bei einem modernen Personalcomputer mit Pentium II Prozessor die Taktfrequenz bei $\geq$ 300 MHz liegt.

Die Programme, die den grundlegenden Betrieb des Rechners ermöglichen, wie z. B. die Eingabe über Tastatur, die Ausgabe auf Display, die Verknüpfung zweier Gleitpunktzahlen, die Befehlserkennung und deren Abarbeitung – unter anderem auch das Starten und Abarbeiten von Anwenderprogrammen – bilden den Kern des *Betriebssystems.* Diese Kernprogramme sind in der Befehlssprache des Prozessors geschrieben, weil sie so unmittelbar verarbeitet und sehr schnell ausgeführt werden können. Schaltet man einen Rechner ein, so wird das Hauptprogramm des Betriebssystems gestartet, das die Nutzungsfähigkeit des Rechners herstellt. Auf dem Display erscheint ein Menü oder der blinkende Kursor. Der Rechner wartet nun auf eine Eingabe. Solange keine Eingabe erfolgt, wird im Betriebssystem eine Warteschleife durchlaufen, d. h., der Prozessor arbeitet auch während der Wartezeit. Die Grenze zwischen Betriebssystem und Anwenderprogrammen ist fließend. Es ist Ansichtssache, ob man die vom Hersteller integrierte Software zur Lösung von Standardaufgaben der Numerik zum Betriebssystem des GTR zählt oder nicht. Die Programme, die nicht zum Kern des Betriebssystems gehören, sind meist nicht in der Prozessorsprache, sondern in der für die allgemeine Nutzung bereitgestellten höheren Programmiersprache geschrieben, deren Sprachumfang (Anweisungen, Symbole) genau definiert ist. Zur Abarbeitung eines solchen Programmes und zur Interpretation der einzelnen Anweisungen verfügt der GTR über ein entsprechendes

Interpreter-Programm, das Anweisung für Anweisung aus dem Speicher liest, interpretiert und in Prozessorbefehle überträgt, die dann unmittelbar ausgeführt werden. Im Unterschied zu einem Interpreter übersetzt ein *Compiler* zuerst das gesamte Programm des Anwenders in ein ausführbares Programm in Prozessorsprache, das anschließend direkt genutzt werden kann und das im Vergleich zur interpretatorischen Abarbeitung wesentlich schneller ausgeführt wird. Compiler sind jedoch derzeit für GTR nicht verfügbar.

1.3 Display und Graphik

Das Display eines GTR besteht in der Regel in x-Richtung aus 127 und in y-Richtung aus 63 Punkten, also aus insgesamt $127 \times 63 = 8001$ Punkten, vgl. Raster in Abbildung 1.3 und [21, S. 129], [22, S. 4-13]. Jedem Punkt ent-

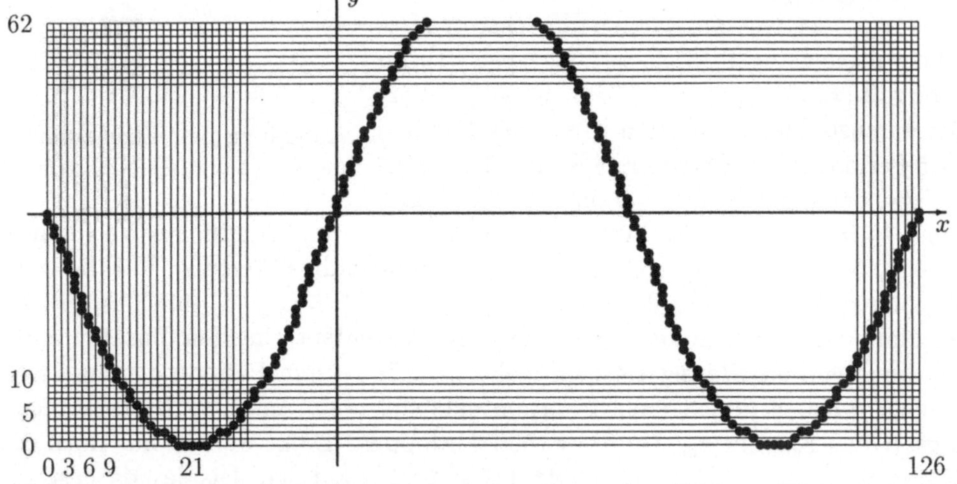

Abbildung 1.3: $y = \sin(1000x)$ im Betrachtungsfenster $[-\pi/1000\,,\ \pi/500] \times [-1\,,\ 0.8]$

spricht technisch eine einzeln ansteuerbare Zelle im Display. Eine Funktion $y = f(x)$ wird bei Vorgabe des Betrachtungsfensters $[x_{\min}, x_{\max}] \times [y_{\min}, y_{\max}]$ wie folgt dargestellt: Auf das Betrachtungsfenster wird durch 127 gleichabständige Punkte $x_i = x_{\min} + i \cdot h_x$, $i = 0, 1, \ldots 126$, mit $h_x = (x_{\max} - x_{\min})/126$ auf der x-Achse und 63 gleichabständige Punkte $y_j = y_{\min} + j \cdot h_y$, $j = 0, 1, \ldots, 62$, mit $h_y = (y_{\max} - y_{\min})/62)$ auf der y-Achse ein Raster gelegt. Die Rasterpunkte lassen sich in natürlicher Weise eineindeutig den Displaypunkten zuordnen. Für die Darstellung des Graphen von f auf dem Display werden zunächst 127 Rasterpunkte (x_i, y_{j_i}) des Betrachtungsfensters gewählt, die den Punkten

$(x_i, f(x_i))$, $i = 0, 1, \ldots, 126$, des Graphen benachbart sind, und die entsprechenden 127 Punkte des Displays sichtbar gemacht. Dabei ist y_{j_i} festgelegt durch $|y_{j_i} - f(x_i)| = \min_{j=0,1,\ldots,62} |y_j - f(x_i)|$. Gibt es zwei solche y_{j_i} zu gegebenem i, so wählt man z. B. stets das größere. Um einen lückenlosen Graphen auf dem Display zu erzeugen, wird zusätzlich für jedes y_j zwischen y_{j_i} und $y_{j_{i+1}}$ einer der Displaypunkte sichtbar gemacht, welcher der Geraden durch (x_i, y_{j_i}) und $(x_{i+1}, y_{j_{i+1}})$ benachbart ist, s. Abbildung 1.4.

Als Beispiel betrachten wir die hochfrequente Funktion $y = f(x) = \sin(1000\,x)$ im Betrachtungsfenster $[-\pi/1000\,,\, \pi/500] \times [-1\,,\, 0.8]$, siehe Abbildung 1.3. Aus den Darlegungen folgt unmittelbar, daß der Graph von $y = \sin(1000\,x)$ nicht sachgemäß dargestellt werden kann, wenn nur das x-Intervall des Betrachtungsfensters hinreichend groß gewählt wird. Wir betrachten dazu einige Beispiele und wählen zunächst das Betrachtungsfenster $[0\,,\, 31.5 \cdot \pi/500] \times [-1\,,\, 1]$. Im Intervall $[x_{\min}\,,\, x_{\max}] = [0\,,\, 31.5 \cdot \pi/500]$ besitzt die darzustellende Funktion $f(x) = \sin(1000\,x)$ 31.5 Perioden. Zur Darstellung stehen 127 Punkte bzw. deren x-Werte $x_i = i \cdot h_x$ mit dem Inkrement $h_x = 31.5 \cdot \pi/(126 \cdot 500) = 0.5 \cdot \pi \cdot 10^{-3}$, $i = 0, \ldots, 126$, zur Verfügung, d. h. $x_0 = 0$ und dann pro Periode vier gleichabständige Werte x_i. Für die erste Periode sind das die Punkte (0,0), $(h_x, 1)$, $(2h_x, 0)$, $(3h_x, -1)$ und $(4h_x, 0)$. Es ist klar, daß durch diese vier Punkte und die entsprechenden Zusatzpunkte im Sinne von Abbildung 1.4 kein reales Bild der ersten Periode der Funktion erzeugt wird. Eine extreme Situation entsteht, wenn man im Betrachtungsfenster das $x_{\max}$ zu $x_{\max} = 63 \cdot \pi/500$ verdoppelt. Dann werden nur noch die Nullstellen von $y = \sin(1000\,x)$ für $0 \leq x \leq x_{\max}$ auf dem Display dargestellt. Der Betrachter nimmt die Darstellung überhaupt nicht wahr, sofern er die Achsen des Koordinatensystems mit zeichnen läßt. Ein weiteres, bei nur oberflächlicher Betrachtung zu Fehlinterpretationen verleitendes Bild ergibt sich für $x_{\max} = 6.3$, das hier jedoch nicht weiter besprochen werden soll.

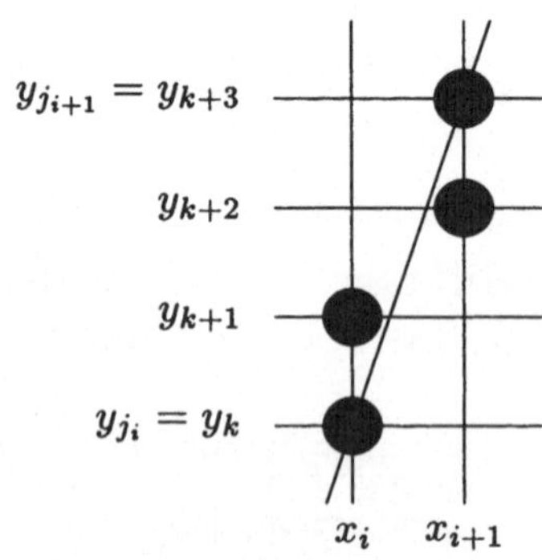

Abbildung 1.4: Zusatzpunkte (x_i, y_{k+1}) und (x_{i+1}, y_{k+2})

Für die Darstellung alphanumerischer Zeichen auf dem Display außerhalb des Graphik-Modus werden in der Regel jeweils 5×7 Punkte verwendet. Es stehen damit bei Beachtung der Zwischenräume 8 Zeilen mit maximal 21 Zeichen auf dem Display zur Verfügung, wobei die letzte Zeile für Mitteilungen und für die Anzeige der aktuellen Belegung der Funktionstasten F1, F2,... reserviert sein kann.

2 Genauigkeitsprobleme

In diesem Kapitel wird zunächst im Abschnitt 2.1 in allgemeiner Form auf Besonderheiten und Probleme beim numerischen Rechnen hingewiesen. Anschließend wird in den Abschnitten 2.2 und 2.3 versucht, durch die Beispiele 2.2 und 2.3 ein gewisses inhaltliches Verständnis für die angesprochenen Probleme zu erreichen. Das Kapitel 3 enthält weitere solche Beispiele. Ausführlichere Darlegungen findet man in Lehrbüchern zur Numerischen Mathematik wie z. B. OPFER[10] und SCHWETLICK/KRETZSCHMAR[15]. Die Beispiele 2.2 und 2.3 werden auf dem CASIO CFX–9850G bearbeitet. Dabei wird die Vorgehensweise detailliert bis hin zur Tastenfolge beschrieben. Die an Hand der beiden Beispiele demonstrierten Genauigkeitsprobleme resultieren aus der endlichen Stellenzahl und sind in keiner Weise rechnerspezifisch. Auf den einzelnen Rechnern stehen jedoch mitunter unterschiedliche Software-Werkzeuge zur Bearbeitung des jeweiligen Beispiels zur Verfügung. Selbstverständlich kann man auf jedem GTR schrittweise im Basismenü arbeiten oder gegebenenfalls ein kleines Programm schreiben. Beim CASIO bietet sich zur Bearbeitung des Beispiels 2.2 das TABLE-Menü und für das Beispiel 2.3 das RECUR-Menü an. Auf dem TI kann man die Folgen der Funktionswerte im Beispiel 2.2 mit der Anweisung seq erzeugen.

2.1 Gleitpunktzahlen, Stabilität und Kondition

A1: Numerische Rechnungen werden im Bereich der t-stelligen Gleitpunktzahlen zur Basis 10 bei idealisierter Vorstellung ausgeführt. Bei den betrachteten Taschenrechnern ist t eine feste, rechnerspezifische natürliche Zahl. Bei leistungsfähigeren Systemen kann t vom Nutzer festgelegt werden. Zum Beispiel sind $2.10174 \cdot 10^{-17}$ und $-1.20000 \cdot 10^{00}$ zwei 6 stellige Gleitpunktzahlen zur Basis 10 in normierter Darstellung, d. h., der Dezimalpunkt steht hinter der ersten Ziffer, die von Null verschieden ist. Diese Zahlen sind charakterisiert durch Vorzeichen, sechs Stellen für die *Mantisse* (beim ersten Beispiel sind diese Stellen belegt mit den Ziffern $2, 1, 0, 1, 7, 4$), Vorzeichen für den *Exponenten* und eine gewisse Zahl von Ziffern für den Exponenten (in den Zahlenbeispielen gleich 2, im ersten Beispiel sind diese mit $1, 7$ belegt). Bei den Graphikfähigen Taschenrechnern (GTR) liegt t in der Regel zwischen 14 und 15. In den Handbüchern von CASIO [21, S. 25,50,412] und TI [22, S. B-3] findet man die in Tabelle 2.1 angegebenen Werte. Man beachte, daß die dezimale

Tabelle 2.1: Parameter der Gleitpunktrechnung

Graphikfähiger Taschenrechner	Stellenzahl t der Mantisse	Stellenzahl des Exponenten
CASIO CFX–9850G	15	2
TI-85	14	3

Mantissenlänge t real nicht genau fixiert werden kann. Der Grund dafür ist, daß intern nicht zur Basis 10 sondern zur Basis 2 bzw. 16 gearbeitet wird. Fest ist die Mantissenlänge der Gleitpunktzahlen bez. der intern verwendeten Basis. Die zugeordnete dezimale Mantissenlänge kann nur in etwa angegeben werden. Für eine Diskussion der Fehler, die beim numerischen Rechnen auftreten, spielt dies jedoch keine entscheidende Rolle. Einen Richtwert für die dezimale Mantissenlänge t kann man sich durch die numerische Berechnung des Ausdruckes $f(x) = (1 + 10^{-x}) - 1$ für $x = 10, 11, 12, \ldots,$ beschaffen. So erhält man für $x = 13$ auf dem CASIO CFX–9850G im RUN-Menü:

Tasten	Anzeige
(AC) (( ) (1) (+) (1) (0) (∧) ((-)) (1) (3) ( )) (−) (1) (EXE)	(1 + 10^ − 13) − 1 1.E-13

Die analoge Berechnung für z. B. $x = 14$ erfolgt durch Ändern der Eingabezeile:

Tasten	Anzeige
(◄) (◄) (◄) (◄) (◄) (4) (EXE)	(1 + 10^ − 14) − 1 0

Der Rechner ermittelt also für $1 + 10^{-13}$ den exakten Wert und für $1 + 10^{-14}$ den fehlerhaften Wert 1. Folglich gilt $14 \leq t < 15$.

Die Verknüpfung zweier exakter t-stelliger Gleitpunktzahlen wird auf dem Rechner so realisiert, daß man das Ergebnis $fl(z) = \pm m_1.m_2 \cdots m_t \cdot 10^E$ mit den Mantissenstellen $m_i \in \{0, 1, 2, \ldots, 9\}$, $i = 1, 2, \ldots, t$, $m_1 > 0$, und dem Exponenten E als das auf t Stellen gerundete exakte Ergebnis z der Verknüpfungsoperation interpretieren kann. Für den üblichen Rundungsfehler gilt $|fl(z) - z| \leq 5 \cdot 10^{-t} \cdot 10^E$. Damit und wegen $|fl(z)| \geq 1 \cdot 10^E$ ergibt sich

$$\left|\frac{fl(z) - z}{z}\right| \approx \left|\frac{fl(z) - z}{fl(z)}\right| \leq \left|\frac{5 \cdot 10^{-t} \cdot 10^E}{1 \cdot 10^E}\right| = 5 \cdot 10^{-t},$$

d.h., der aus der Verknüpfung resultierende relative Fehler ist im Normalfall höchstens gleich der sogenannten *relativen Rechnergenauigkeit* $\nu = 5 \cdot 10^{-t}$, die nicht von den zu verknüpfenden Eingangsdaten abhängt. Diese Eigenschaft zeichnet die Gleitpunktzahlen besonders aus.

Führt man auf einem Rechner mehrere Operationen hintereinander aus, so tritt im allgemeinen bei jeder Operation ein Rundungsfehler auf. Zudem pflanzt sich der bereits vorhandene Fehler fort, wobei sich dieser zusätzlich vergrößern kann. Als Beispiel betrachten wir die Bildung der *Differenz zweier fast gleicher, fehlerbehafteter Zahlen*, bei der die sogenannte *Stellenauslöschung* auftritt.

Beispiel 2.1. Die Mantissenlänge t sei größer oder gleich 14. Dann sind die folgenden Zahlen im Rechner exakt darstellbar und bei deren Differenzbildung tritt kein Rundungsfehler auf. Es seien $x = 1$ eine der Einfachheit halber exakte Zahl und $y + \Delta y = 0.999\,999\,000\,0005$ eine aus einer vorangegangenen Rechnung resultierende Näherung für den ausnahmsweise bekannten exakten Wert $y = 0.999\,999$. Wir bilden nun die Differenz

$$x - (y + \Delta y) \;=\; \begin{array}{r} 1.000\,000\,000\,0000 \\ -0.999\,999\,000\,0005 \\ \hline \underline{0.000\,000}\,999\,9995 \end{array} \;,$$

die eine Näherung für die exakte Differenz $x - y = 10^{-6}$ ist. Der Fehler der Eingangsgröße $y + \Delta y$ aus der 13. Mantissenstelle hat sich bei der Differenz $x - (y + \Delta y)$ in die siebente Stelle *fortgepflanzt*. Die in der Differenz unterstrichenen Mantissenstellen sind *ausgelöscht* worden. Der relative Fehler $5 \cdot 10^{-13}$ von $y + \Delta y$ ist auf den relativen Fehler $5 \cdot 10^{-7}$ von $x - (y + \Delta y)$ angewachsen.

An dem Beispiel 2.1 wird auch deutlich, daß ein numerisches Ergebnis um so genauer sein wird, je größer die Mantissenstellenzahl t ist. Die auf den GTR realisierte dezimale Mantissenlänge t zwischen 14 und 15, die auch auf anderen Rechnern häufig standardmäßig verwendet wird, stellt einen gewissen Kompromiß zwischen Aufwand und Zuverlässigkeit der numerischen Rechnungen dar. Es ist jedoch vorstellbar, daß zukünftig noch größere Mantissenlängen zum Standard gehören werden.

An dieser Stelle sei erwähnt, daß auf einem GTR bei der Zahleneingabe über Tastatur in der Regel weniger als t Mantissenstellen akzeptiert werden. Der CASIO berücksichtigt die ersten 10 Stellen einer eingegebenen Zahl. Auf dem TI wird die eingegebene Zahl auf 12 Stellen gerundet. Wenn man im Beispiel 2.1 den Wert von $y + \Delta y = 0.999\,999\,000\,0005$ auf dem CASIO eingeben möchte, kann man wie folgt vorgehen:

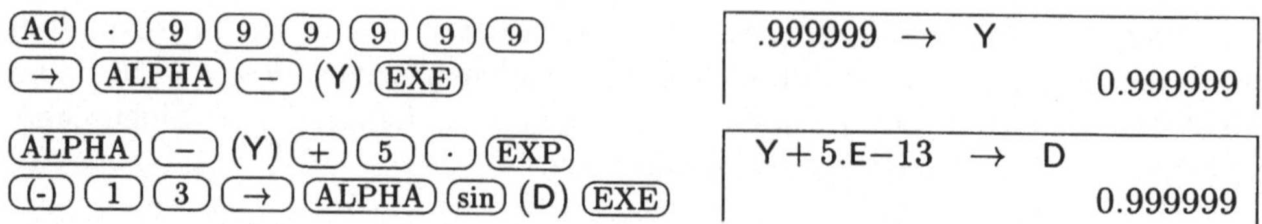

Auf der Variablen D steht jetzt der exakte Wert $y + \Delta y$, was durch die Bildung der Differenz D − Y mit dem Ergebnis 5.E−13 überprüft werden kann. Dagegen werden auf dem Display für D hier nur die ersten sechs Stellen angezeigt.

Für die Ausgabe eines numerischen Ergebnisses auf dem Display sind verschiedene Formate möglich, die beim CASIO im SET UP-Menü und beim TI im MODE-Menü eingestellt werden können. Diese Formate dienen nur zur Festlegung der Zahlendarstellung auf dem Display und haben keine Auswirkung auf die interne Speichung und Verarbeitung der Zahlen als t-stellige Gleitpunktzahlen. Einzelheiten zu den Formaten und zur Einstellung findet man im jeweiligen Handbuch [21, S. 13, 14, 20 ff.] bzw. [22, S. 1-24 ff]. Wir verwenden im folgenden stets das Ausgabeformat Norm2 beim CASIO und das Format Normal beim TI. Damit wird eine intern gespeicherte, mindestens 14 stellige Gleitpunktzahl beim CASIO auf zehn Mantissenstellen gerundet und in geeigneter Form angezeigt. So erklärt sich auch die oben angegebene sechsstellige Anzeige von D. Der auf zehn Mantissenstellen gerundete Wert von D ist 0.999 999 0000, wobei die vier rechts stehenden Nullen weggelassen werden.

A2: Bei der numerischen Lösung einer Aufgabe hängt die erzielte Genauigkeit vom verwendeten Algorithmus ab. Ein Algorithmus kann *numerisch stabil* (Rundungsfehler bleiben in Grenzen, kleine Störungen der Eingangsgrößen des Algorithmus bewirken kleine Änderungen der Ausgangsgrößen) oder *numerisch instabil* sein. Kommen z. B. in einem Algorithmus Verknüpfungen vor, die stark fehlerverstärkend wirken, so wird der Algorithmus sehr ungenaue Ergebnisse liefern. Die bekanntesten fehlerverstärkenden Verknüpfungen sind die Differenzbildung zweier fast gleicher, fehlerbehafteter Zahlen, die zur Stellenauslöschung führt, s. Beispiele 2.1 und 2.2, und die Produktbildung aus einer fehlerbehafteten Zahl und einer betragsmäßig sehr großen Zahl, vgl. Beispiel 2.3. Neben den bereits erwähnten Beispielen beziehen sich Teile der Abschnitte 3.2, 3.5.2 und 3.6 auf A2. Die numerische Stabilität ist neben der Effizienz eine wesentliche Eigenschaft eines numerischen Verfahrens.

A3: Es gibt *gut konditionierte* bzw. *gutartige Aufgaben* (kleine Störungen der Eingangsgrößen einer Aufgabe bewirken kleine Änderungen der Ausgangsgrößen) und *schlecht konditionierte* bzw. *bösartige Aufgaben.* Bei der Lösung einer schlecht konditionierten Aufgabe ist bei jedem Algorithmus mit erheblichen Fehlern zu rechnen. Im Beispiel 3.16 werden ein zweidimensionales und ein dreidimensionales schlecht konditioniertes lineares Gleichungssystem untersucht.

2.2 Beispiel: Berechnung eines Ausdruckes

Im Beispiel 2.2 werden zur Berechnung eines Ausdruckes drei Algorithmen verwendet. Das Beispiel bestätigt die Aussage von A2 aus Abschnitt 2.1, daß die Genauigkeit vom verwendeten Algorithmus abhängt. Einer der drei Algorithmen arbeitet numerisch stabil, zwei sind numerisch instabil und damit unbrauchbar.

Beispiel 2.2. Es ist

$$y(x) = 10^x\left(\frac{\sqrt{10^x+2}}{\sqrt{10^x}} - 1\right) \tag{2.1a}$$

$$= \sqrt{10^x}\cdot\sqrt{10^x+2} - 10^x \tag{2.1b}$$

$$= \frac{2\sqrt{10^x}}{\sqrt{10^x+2}+\sqrt{10^x}} \tag{2.1c}$$

für gegebenes $x = 0, 1, \ldots, 20$ zu berechnen. Dazu bieten sich die folgenden drei Algorithmen an:

Algorithmus 2.1. Berechnung von $y(x)$ für gegebenes $x \in \mathbb{R}$ nach (2.1a), d. h. Berechnung von $y(x) = y_7$ über sechs Zwischenresultate in elementarer Form

1) $y_1 = 10^x$ 2) $y_2 = \sqrt{y_1}$ 3) $y_3 = y_1 + 2$ 4) $y_4 = \sqrt{y_3}$

5) $y_5 = y_4/y_2$ 6) $y_6 = y_5 - 1$ 7) $y_7 = y_1 \cdot y_6$.

Algorithmus 2.2. Berechnung von $y(x)$ für gegebenes $x \in \mathbb{R}$ nach (2.1b).

Algorithmus 2.3. Berechnung von $y(x)$ für gegebenes $x \in \mathbb{R}$ nach (2.1c).

Die Genauigkeit der mit den Algorithmen erzielten numerischen Ergebnisse bewerten wir indirekt: Falls die numerischen Resultate eines Algorithmus die analytischen Eigenschaften

(i) $0 < y(x) < 1$ für alle $x \in \mathbb{R}$,

(ii) $\lim\limits_{x\to+\infty} y(x) = 1$ und

(iii) $y'(x) > 0$ für alle $x \in \mathbb{R}$, d. h., y ist streng monoton wachsend, widerspiegeln, spricht nichts gegen den Algorithmus. Ein solcher Algorithmus ist vermutlich numerisch stabil. Andernfalls ist der Algorithmus numerisch instabil.

Für die Implementierung der Algorithmen auf dem CASIO geben wir zwei Varianten an.

a) RUN-Menü: Abspeichern von $y(x)$ nach z. B. (2.1a) im Funktionsspeicher $f5$ und anschließende Berechnung des entsprechenden Ausdruckes für z. B. $x = 10$:

(AC) (OPTN) (F6) (F6) (F3) (FMEM)
(F4) (SEE; f_5 sei nicht belegt)
(AC) (1) (0) (∧) (X,Θ,T) (×) (()
(SHIFT) (x^2) (√) (() (1) (0) (∧)
(X,Θ,T) (+) (2) ()) (÷) (SHIFT) (x^2)
(√) (1) (0) (∧) (X,Θ,T) (−) (1) ())
(F1) (STO) (F5) (f_5)

⋮
f_5 : 10^X×(√(10^X+2) ÷ √10^X−1)
⋮

(AC) (1) (0) (→) (X,Θ,T) (X)
(EXE)
(F2) (RCL) (F5) (f_5) (EXE)
⋮

10 → X
10
10^X×(√(10^X+2) ÷ √10^X−1)
1

b) TABLE-Menü: Abspeichern von $y(x)$ gemäß (2.1a), (2.1b), (2.1c) als Tabellenfunktionen z. B. Y2, Y3, Y4 nach folgendem Muster:

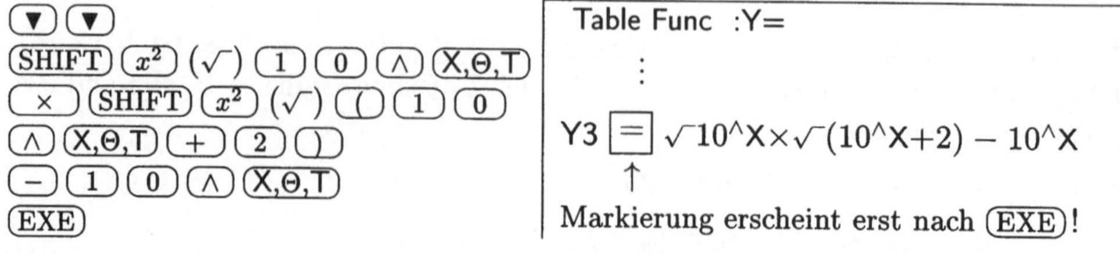

Festlegung der diskreten Argumente X = 11, 12, ... , 20:

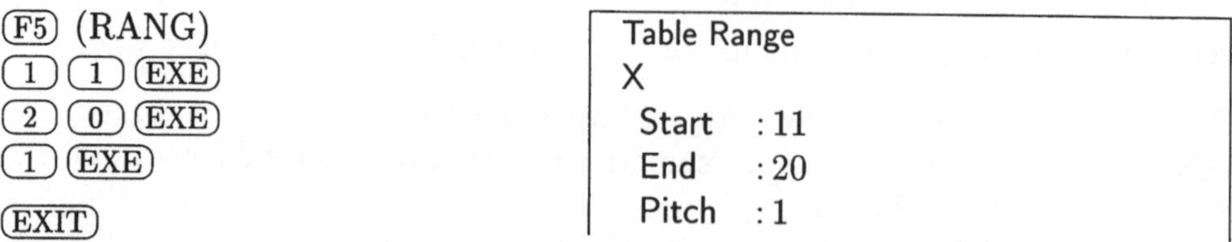

Mit (F1) (SEL) kann man die Markierungen der Funktionen Yn aus- oder einschalten. Im Beispiel sollten nur die Gleichheitszeichen bei Y2, Y3 und Y4 markiert sein. Die farbliche Hervorhebung der Funktionen und ihrer Graphen läßt sich vermittels (F4) (COLR) realisieren. Nun kann die Tabelle erzeugt werden:

(F6) (TABL) oder (EXE)

X	Y2	Y3	Y4
11	1	1	0.9999
12	0.99	0.99	1
13	1	0.9	1
14	0	0	1
⋮	⋮	⋮	⋮
20	0	0	1

Die Ergebnisse zu Algorithmus 2.3, d. h. die Werte von Y4, entsprechen den analytischen Eigenschaften. Dagegen ist bei den nach den Algorithmen 2.1 und 2.2 berechneten Werten Y2 bzw. Y3 die Monotonie verletzt. Z. B. ist der berechnete Y3-Wert für X= 11 größer als der für X= 12. Außerdem wird bei den Algorithmen 2.1 und 2.2 das Verhalten für $x \to +\infty$ nicht richtig widergespiegelt. Der Algorithmus 2.3 dürfte numerisch stabil sein. Die Algorithmen 2.1 und 2.2 sind dagegen numerisch instabil, vgl. A2 in Abschnitt 2.1. Die folgenden graphischen Darstellungen erhärten diese Aussage. Wir verwenden dazu das angepaßte Betrachtungsfenster:

(SHIFT) (F3) (V-Window)
(1) (1) (EXE)
(1) (6) (EXE)
(1) (EXE)
(0) (EXE)
(1) (EXE)
(0) (·) (1) (EXE)

View Window
Xmin : 11
max : 16
scale : 1
Ymin : 0
max : 1
scale : 0.1

Mit (EXIT) (F6) (TABL) (F5) (G-CON) werden das Untermenü View Window verlassen, die Tabelle erneut berechnet und die markierten Funktionen in einem Bild dargestellt. Aus Gründen der Übersichtlichkeit sind die drei Graphen hier separat nebeneinander in der Reihenfolge Y2, Y3 und Y4 abgebildet.

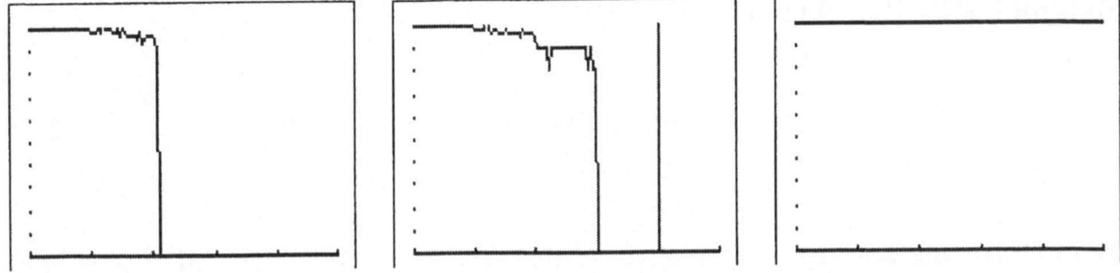

Der auf der Basis von Algorithmus 2.3 numerisch ermittelte Graph zu Y4 ist im betrachteten Intervall die Gerade $y = 1$, was den analytischen Eigenschaften entspricht. Die Graphen zu Y2 gemäß Algorithmus 2.1 und Y3 gemäß Algorithmus 2.2 widersprechen den Monotonie- und Grenzwerteigenschaften. Eine genauere Untersuchung des Graphen zu Y3 ist mittels einer Kurvenverfolgung, die das Untermenü Trace erlaubt, möglich:

x	Y3(x)
14.968253968	-5
15.007936507	0
15.047619047	10

Tabelle 2.2: Trace Y3

Nach (SHIFT) (F1) (Trace) erfolgt mit den Kursortasten (▼) bzw. (▲) die Auswahl des Graphen zu Y3. Die Verfolgung des ausgewählten Graphen geschieht nun mit den anderen beiden Kursortasten (▶) bzw. (◀) entsprechend der jeweiligen Richtung. Dabei lassen sich für Y3 die Werte in Tabelle 2.2 aufspüren, die den analytischen Eigenschaften von Y3 widersprechen. Die angegebenen Werte zeigen, daß der Graph von Y3 bei $x \approx 15$ im y-Intervall [0,1] fast senkrecht verläuft, was der Darstellung auf dem Display entspricht.

Die Fehler der Algorithmen 2.1 und 2.2 für große Argumente x entstehen durch die Minuszeichen in (2.1a) und (2.1b). Für große x unterscheiden sich $\sqrt{10^x+2}$ und $\sqrt{10^x}$ nur wenig, so daß Differenzen zwischen fast gleichen, fehlerbehafteten Zahlen gebildet werden bzw. Stellenauslöschung vorliegt, vgl. A2 in Abschnitt 2.1. In der Tendenz wachsen die relativen Fehler mit Vergrößerung von x bis auf 100%. Die Mantissenstellenzahl t reicht dann nicht mehr, um auch nur eine Stelle des Ergebnisses richtig zu berechnen, vgl. Ermittlung der Mantissenlänge in A1 von Abschnitt 2.1.

2.3 Beispiel: Ein bestimmtes Integral

Dieses Beispiel beschäftigt sich mit der Berechnung eines konkreten bestimmten Integrals. Es werden dazu zwei Algorithmen angegeben, der eine ist numerisch stabil und der andere numerisch instabil.

Beispiel 2.3. Berechnung von

$$I_n = \frac{1}{e}\int_0^1 x^n e^x\,dx \quad \text{für} \quad n = 0, 1, \dots, 20. \tag{2.2}$$

Algorithmus 2.4. Berechnung der Integrale I_n mittels der auf dem GTR verfügbaren numerischen Integration, s. Abschnitt 3.3.

Mittels partieller Integration gewinnt man aus (2.2) die Rekursion (2.3).

Algorithmus 2.5. Berechnung der Integrale I_n über die Rekursion

$$I_0 = \frac{1}{e}\int_0^1 e^x\,dx = 1 - \frac{1}{e}\,, \quad I_{n+1} = 1 - (n+1)\,I_n\,, \; n = 0, 1 \ldots, 19. \qquad (2.3)$$

Die Genauigkeit der mit den Algorithmen erzielten numerischen Ergebnisse bewerten wir analog zum Beispiel 2.2 indirekt über analytische Eigenschaften der I_n. Mit Hilfe von $e \cdot x < e^x < e$ für alle $x \in (0,1)$ – das linke Ungleichheitszeichen bedeutet, daß die Exponentialfunktion oberhalb ihrer Tangente an der Stelle $x = 1$ verläuft – erhält man

$$0 < \frac{1}{n+3} < I_{n+1} < I_n < \frac{1}{n+1} < 1\,, \; n = 0, 1, 2, \ldots\,, \quad \lim_{n\to+\infty} I_n = 0\,. \qquad (2.4)$$

Zur Umsetzung von Algorithmus 2.5 auf dem CASIO verwenden wir das RECUR-Menü. Leider läßt sich der Algorithmus 2.4 nicht in diesem Menü abarbeiten, weil hier die numerische Integration nicht verfügbar ist. Da auch im TABLE-Menü die numerische Integration nicht nutzbar ist, schreiben wir für Algorithmus 2.4 ein Programm. In dieses Programm hätte natürlich auch leicht der Algorithmus 2.5 integriert werden können.

a) Implementierung von Algorithmus 2.5 im RECUR-Menü:

Eingabe	Erläuterung
(F3) (TYPE)	Achtung! Durch den Befehl TYPE werden *alle* bereits eingegebenen Rekursionsformeln gelöscht.
(F2) (a_{n+1})	Auswahl der Art der Rekursionsformel
(1) (−) (() (F4) ($n, a_n \cdots$) (F1) (n) (+) (1) ()) (×) (F2) (a_n)	Recursion an+1= 1 − (n + 1)×an ⋮
(EXE)	Rekursion (2.3) wird gespeichert.

Damit ist die Eingabe beendet, und die Rekursionsformel ist aktiv. Bei Bedarf kann über (F1) (SEL+C) das Untermenü aufgerufen werden, in dem mit (F1) (SEL) eine Formel deaktiviert oder aktiviert und mit den Tasten (F2), (F3) oder (F4) farblich markiert werden kann.

Nun ist es noch erforderlich, den Anfangswert a0= $I_0 = 1 - e^{-1}$ für die Folge {an} und den Bereich für die Laufvariable n vorzugeben. Da im entsprechenden Untermenü RANG nicht alle Funktionstasten wie e^x, $\sin x$, ..., nutzbar sind und der Anfangswert möglichst genau bereitgestellt werden sollte, wechseln wir zur Erzeugung des Anfangswertes für a0 zwischenzeitlich in das RUN-Menü und belegen dort eine Variable mit dem Wert für a0:

(1) (−) (SHIFT) (ln) (e^x) ((-)) (1)
(→) (ALPHA) (X,Θ,T) (A) (EXE)

1 − e − 1 →A
0.6321205588

Nach der Rückkehr in das RECUR-Menü werden im Untermenü RANG der Bereich für $n = 0, 1, \ldots, 20$ und der Anfangswert a0 $= I_0$ definiert:

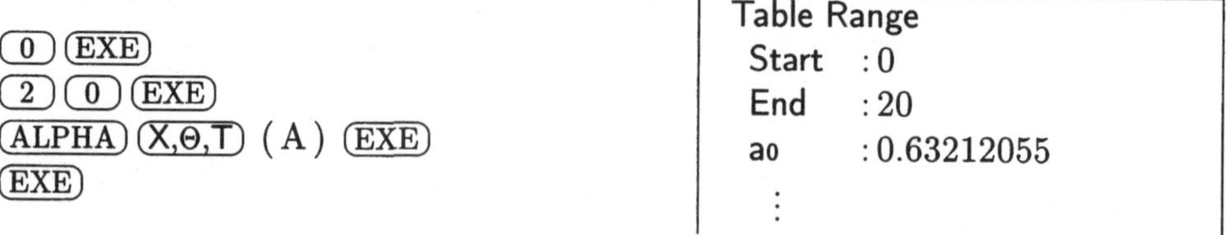

Nun können im Untermenü Table vermittels (F6) die numerischen Werte der Folge {an} berechnet werden. Bevor wir die ermittelten Werte im Zusammenhang mit den Resultaten des Algorithmus 2.4 diskutieren, wollen wir die Ergebnisse graphisch veranschaulichen. Dazu sollte das folgende Betrachtungsfenster durch (SHIFT) (F3) eingestellt werden. Zudem haben wir im Menü SET UP, das durch (SHIFT) (MENU) aufgerufen wird, die Einstellungen Grid :On und Axes :Off vorgenommen. Nachdem die Folgenglieder erneut berechnet worden sind, erhält man mittels (F6) (TABL) (F5) (G-CON) folgende kontinuierliche graphische Darstellung:

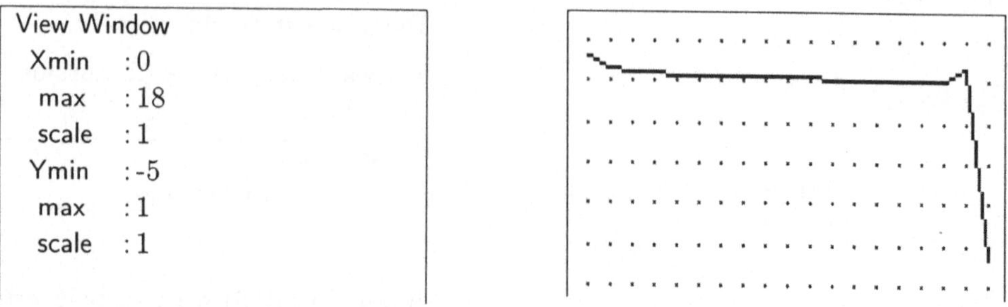

b) Umsetzung von Algorithmus 2.4 im PRGM-Menü: Um ein neues Programm einzugeben, kann man nach (F3) (New) einen maximal acht Zeichen langen Programmnamen eingeben. Dabei sind die Buchstaben standardmäßig aktiv, d. h., die Taste (ALPHA) muß nicht gedrückt werden. Die Schlüsselworte für die Programmierbefehle wie z. B. For, To, ... findet man unter (SHIFT) (VARS) (PRGM). Es kann das folgende einfache Programm, das vor der Berechnung von I_n den Index n ausgibt, im Untermenü EDIT geschrieben werden:

(SHIFT) (VARS) (PRGM) (F1) (COM)
(F6) (F1) (FOR) (1) (→) (ALPHA) (8) (N)
(F2) (TO) (2) (0) (EXE) (EXIT)
(ALPHA) (F2) (") (ALPHA) (8) (N)
(SHIFT) (·) (=) (ALPHA) (F2) (")
(F6) (F5) (:) (ALPHA) (8) (N)
(F6) (F5) (◢) (ALPHA) (F2) (")
(ALPHA) (() (I) (ALPHA) (8) (N)
(SHIFT) (·) (=) (ALPHA) (F2) (")
(F6) (F5) (:) (SHIFT) (ln) (e^x) ((-)) (1)
(OPTN) (F4) (CALC) (F4) (∫ dx)
(ALPHA) (+) (X) (∧)
(ALPHA) (8) (N) (SHIFT) (ln) (e^x)
(ALPHA) (+) (X) (,) (0)
(,) (1) ()) (SHIFT) (VARS) (PRGM)
(F6) (F6) (F5) (◢) (F1) (COM)
(F6) (F4) (Next) (EXIT) (EXIT) (EXIT)

```
======  ======
For 1 →N To 20 ↵
"N=": N ◢
"IN=": e-1∫(X^NeX,0,1)
◢
Next
```

Die Laufanweisung darf nicht mit N = 0 beginnen, weil sonst in der Simpsonschen Regel der Integrand an der Stelle X = 0 und damit 0^0 auszuwerten wäre. In diesem Fall würde die Fehlermeldung Ma ERROR angezeigt. Das Programm kann nun entweder mit (EXE) oder (F1) abgearbeitet werden.

Die Tabelle 2.3 enthält die bereits nach Algorithmus 2.5 im RECUR-Menü und die nun nach Algorithmus 2.4 im PRGM-Menü berechneten Werte für I_n in der dritten bzw. vierten Spalte. Außerdem findet man in Tabelle 2.3 die Schranken aus (2.4) für I_n. Diese Schranken können natürlich auch im RECUR-Menü mit Hilfe der zweiten Rekursion $b_{n+1} = 1 \div (n+1)$, $n = 0, 1, \ldots, 21$, ermittelt werden. Die in der Tabelle 2.3 angegebenen unteren Schrankenwerte wurden nach unten und die oberen Schrankenwerte nach oben gerundet.

Die nach Algorithmus 2.5 ermittelten Werte an verletzen ab $n = 16$ die analytischen Eigenschaften (2.4). Offenbar ist der Algorithmus 2.5 numerisch instabil. Dagegen erfüllen alle mit dem Algorithmus 2.4 ermittelten Werte IN die analytischen Eigenschaften. Der Algorithmus 2.4 arbeitet vermutlich numerisch stabil. Zum Vergleich wurde Algorithmus 2.4 auf einem Personalcomputer bei *zwanzigstelliger Rechnung* realisiert. In der Tabelle 2.3 sind die übereinstimmenden Mantissenstellen durch Unterstreichen gekennzeichnet. Bei der numerischen Integration im Algorithmus 2.4 wurde im angegebenen Programm mit voreingestellter Genauigkeit gearbeitet, vgl. [21, S. 76–77]. Wählt man die höchste Genauigkeitsstufe 9, d. h., das Integrationsintervall wird in 2^9 äquidistante Teilintervalle zerlegt und die Simpsonsche Regel angewendet, so erhält

Tabelle 2.3: Ergebnisse der Algorithmen 2.5 und 2.4 zum Beispiel 2.3

n	$\frac{1}{n+2}$	an $= I_n$	IN $= I_n$	$\frac{1}{n+1}$
0	0.5	0.6321205588		1
1	0.333	0.3678794412	0.3678798091	0.5
2	0.25	0.2642411177	0.2642411072	0.334
⋮				
15	0.588	0.05990467302	0.05901753759	0.0625
16	0.0555	0.04152523162	0.05571935125	0.0589
17	0.0526	0.2940710625	0.05277112862	0.0556
18	0.05	-4.293279126	0.05011985828	0.0527
19	0.0476	82.57230338	0.04772275584	0.05
20	0.0454	-1650.446068	0.04554490955	0.0477

man genauere Werte IN. Allerdings muß man dadurch eine wesentlich höhere Rechenzeit in Kauf nehmen.

Wie kann man nun die Fehler bei der Rechnung nach Algorithmus 2.5 erklären? Im Beispiel 2.2 waren die falschen Resultate durch Differenzen fast gleicher Zahlen entstanden. Im Beispiel 2.3 gibt es eine andere Ursache. Wegen (2.4) folgt aus (2.3) die Gleichung $0 = 1 - \lim_{n \to +\infty} (n+1) I_n$, so daß für große Zahlen n Stellenauslöschung auftreten wird. Für die realisierten Werte $n = 0, 1, \ldots, 20$ tritt diese Stellenauslöschung jedoch nicht auf, vgl. $I_{16} = 1 - 16 \cdot I_{15} \approx 1 - 0.9584$. Das ist noch keine Differenz aus zwei *fast* gleichen Zahlen.

Ausschlaggebend für die Instabilität der Rekursionsformel ist der Einfluß des gerundeten Startwertes $I_0 = 1 - e^{-1}$. Der verwendete Anfangswert a0 $= I_0$ wurde mit der oben beschriebenen Eingabetechnik auf 14 bis 15 Dezimalstellen genau bereitgestellt. Wenn wir annehmen, daß 15 Dezimalstellen korrekt sind, so beträgt der absolute Fehler

$$exakter\ Wert(1 - e^{-1}) \ - \ gespeicherter\ Wert(\texttt{a0}) \ \approx -3 \cdot 10^{-16} .$$

Dieser Fehler wird nun bei der Berechnung von a1 nach (2.3) mit -1 multipliziert, anschließend bei der Bildung von a2 mit -2 multipliziert, usw. Allgemein hat der fortgepflanzte Anfangsfehler bei der Berechnung von an nach (2.3) die Größe von $(-1)^{n+1} \left(n(n-1) \cdot \cdots \cdot 2 \cdot 1\right) \cdot 3 \cdot 10^{-16} = (-1)^{n+1} n! \cdot 3 \cdot 10^{-16}$. Für a18 ist dieser Fehler gleich $-18! \cdot 3 \cdot 10^{-16} \approx -6.4 \cdot 10^{15} \cdot 3 \cdot 10^{-16} = -1.92$. Dies entspricht vom Vorzeichen und von der Größenordnung her dem tatsächlich auftretenden Fehler.

3 Standardmöglichkeiten der Rechner zur Bearbeitung von Grundaufgaben der Numerik

Es kann davon ausgegangen werden, daß auf einem Graphikfähigen Taschenrechner (GTR) die folgenden, mehr oder weniger allgemeinen Aufgaben der Numerischen Mathematik standardmäßig bearbeitet werden können:

- Bestimmung von Nullstellen einer Funktion in einer Variablen
- Berechnung der ersten und zweiten Ableitung einer Funktion an einer festen Stelle
- Berechnung eines bestimmten Integrals
- Ermittlung von Minimum- und Maximumstellen einer Funktion in einer Variablen
- Lösung linearer Gleichungssysteme
- Bestimmung einer Regressionsfunktion und eines Interpolationspolynoms

Damit ist auch das Aufgabengebiet abgesteckt, dessen Behandlung im Rahmen einer Starthilfe sinnvoll erscheint. Das Spezialgebiet der Nullstellenbestimmung bei Polynomen wird nicht separat in einem gesonderten Abschnitt behandelt, obwohl dazu interessante Ausführungen gemacht werden könnten. Außerdem sei erwähnt, daß rechnerspezifisch weitere, hier aber nicht behandelte Grundaufgaben der Numerik wie z. B. das Eigenwertproblem bei Matrizen oder Anfangswertaufgaben bei gewöhnlichen Differentialgleichungen mittels integrierter Software bearbeitet werden können.

Die Nutzung der einzelnen GTR zur Bearbeitung der oben genannten Grundaufgaben ist weitgehend ähnlich. Wir beschränken uns daher auf die Rechner von CASIO und TEXAS INSTRUMENTS. Konkret verwenden wir den CASIO CFX-9850G und den TI-85. Da es bei der Lösung ein- und derselben Aufgabe auf verschiedenen GTR des gleichen Herstellers häufig keine Unterschiede gibt, sprechen wir im folgenden kurz von dem CASIO bzw. dem TI. In den einzelnen

Abschnitten stellen wir die zur Lösung der jeweiligen Grundaufgabe vermutlich verwendeten Algorithmen vor und diskutieren deren Möglichkeiten und Grenzen. So wollen wir erreichen, daß der Nutzer eines GTR unerwartete Ergebnisse vermeiden bzw. interpretieren kann, und daß er die vom Rechner gelieferten numerischen Ergebnisse mit einer gewissen Vorsicht betrachtet. Zur Illustration verwenden wir zahlreiche Beispiele. Die theoretische Erörterung der einzelnen Grundaufgaben, die Vorstellung und Bewertung der numerischen Verfahren und die Bearbeitung der Grundaufgaben auf CASIO und TI erfolgen in den folgenden sechs Abschnitten entweder nacheinander oder in integrierter Form. Die Möglichkeiten des CASIO zur Bearbeitung der Grundaufgaben werden in der Regel sehr ausführlich bis hin zur Tastenfolge beschrieben. Bei der anschließenden Darstellung für den TI genügt es dann meist, auf die Unterschiede zum CASIO hinzuweisen. Mitunter wird auch auf dem TI die Tastenfolge angegeben.

3.1 Bestimmung von Nullstellen

Auf dem CASIO kann man die Nullstellen einer Funktion $f : \mathbb{R} \to \mathbb{R}$ im RUN- und im PRGM-Menü sowie im Graph-Menü unter G-Solv berechnen, sofern f und die Nullstellen gewisse Voraussetzungen erfüllen, vgl. [21, Abschnitte 3–2, 9–2]. Im RUN- und im PRGM-Menü erfolgt z. B. die Berechnung der Nullstelle $x = 0$ der Funktion $f(x) = x(x-\pi)^2$ aus Beispiel 3.1 über die Anweisung Solve(X(X-π)^2,0.5). Dabei ist $x_0 = 0.5$ ein Näherungswert für die zu berechnende Nullstelle. In der Solve-Anweisung sind zwei weitere Parameter für die Grenzen eines Intervalls $[a, b]$ vorgesehen, in dem die zu ermittelnde Nullstelle liegt. So liefert Solve(X(X-π)^2,0.5,-1,1) ebenfalls die Nullstelle $x = 0$. Es ist möglich, daß der Aufruf von Solve mit Ma ERROR endet und keine Nullstelle ermittelt werden kann, weil der verwendete Startwert x_0 nicht nahe genug an der zu bestimmenden Nullstelle liegt. Im GRAPH-Menü kann man nach der graphischen Darstellung der Funktion „alle" Nullstellen im Intervall $J =$ [Xmin,Xmax] des Betrachtungsfensters sukzessive ermitteln. Im Unterschied zum Aufruf Solve, der höchstens eine Nullstelle nach Vorgabe einer Startnäherung x_0 liefert, können im Untermenü G-Solv des GRAPH-Menüs – abgesehen von Sonderfällen – alle Nullstellen aus J ermittelt werden, wobei der Anwender keine Startwerte vorzugeben braucht.

a) RUN-Menü: Beim Aufruf Solve wird ein Algorithmus abgearbeitet, der laut Handbuch [21, Abschnitt 3-2] auf dem *Newtonschen Verfahren*

$$\text{Startwert } x_0 \text{ vorgeben,} \quad x_{i+1} = x_i - \frac{f(x_i)}{f'(x_i)} \quad (i = 0, 1, 2, \dots) \tag{3.1}$$

basiert. Implementiert wurde ein diskretisiertes Newtonsches Verfahren, das als ein Sekanten-Verfahren interpretiert werden kann, weil die Ableitungswerte $f'(x_i)$, $i = 0, 1, \ldots$, durch Differenzenquotienten approximiert werden. Dafür wird der zentrale Differenzenquotient verwendet, vgl. Abschnitt 3.2.

Die geometrische Begründung des Newtonschen Verfahrens, bei der x_{i+1} als der Schnittpunkt der Tangente zur Funktion f an der Stelle x_i mit der x-Achse ermittelt wird, setzen wir als bekannt voraus, weil das Verfahren im Lehrplan der Gymnasien enthalten ist, vgl. z. B. [20, Abschnitt D 5.3.3]. Im Handbuch [21] zum CASIO ist auch eine entsprechende Skizze zu finden.

Das Newtonsche Verfahren ist ein *iteratives* Verfahren. Es wird eine Folge $\{x_0, x_1, x_2, \ldots\}$ in der teilweise berechtigten Hoffnung erzeugt, daß diese Folge gegen eine Nullstelle von f konvergiert. Für die Nullstellenbestimmung gibt es im Fall einer nichtlinearen Gleichung im allgemeinen nur iterative Verfahren, die theoretisch eine *unendliche* Folge von Näherungswerten für die gesuchte Nullstelle erzeugen. Dies trifft allgemein für alle nichtlinearen Probleme zu. Als Beispiel für ein *endliches* Verfahren verweisen wir auf den Gaußschen Algorithmus zur Lösung linearer Gleichungssysteme, s. Abschnitt 3.5.

Zur Implementierung eines iterativen Verfahrens gehört ein *Abbruchtest*. Dadurch wird der Algorithmus gewissermaßen im nachhinein endlich. Die Zahl der Rechenschritte ist jedoch problemabhängig und nicht vorhersagbar. Bei der Bestimmung von Nullstellen können die beiden Abbruchtests

$$|f(x_i)| < \varepsilon_1 \tag{3.2}$$

und

$$|x_{i+1} - x_i| < \varepsilon_2 \left(|x_{i+1}| + \varepsilon_3 \right) \tag{3.3}$$

verwendet werden. Bei 14 stelliger Rechnung könnte man mit $\varepsilon_1 = \varepsilon_2 = 10^{-12}$ und $\varepsilon_3 = 10^{-2}$ arbeiten. Problemabhängig sind auch größere Werte für ε_1, ε_2 und ε_3 sinnvoll. Spricht einer der beiden Tests an, wird die Rechnung abgebrochen. Da man nicht sicher sein kann, ob einer der Tests im Laufe der Rechnung jemals anspricht, muß zusätzlich die maximale Zahl der Iterationsschritte vorgegeben und ein entsprechender Abbruchtest für den Notfall eingebaut werden. Mitunter wird an Stelle von (3.3) der einfache *Absoluttest*

$$|x_{i+1} - x_i| < \varepsilon_4 \tag{3.4}$$

verwendet. Der Abbruchtest (3.4) ist zwar im Konvergenzfall für kleine $|x_{i+1}|$ geeignet, dagegen wird er für hinreichend große $|x_{i+1}|$ in der Regel nicht ansprechen. Denn man muß auch im Konvergenzfall auf Grund der Rundungsfehler davon ausgehen, daß die Situation $x_{i+1} = x_i$ nicht eintreten wird. Also beträgt der Unterschied zwischen x_{i+1} und x_i wenigstens eine Einheit der letzten Mantissenstelle. Ist z. B. bei 14 stelliger Mantisse $x_{i+1} = 1.000\,000\,000\,0000 \cdot 10^E$, so gilt $|x_{i+1} - x_i| \geq 10^{-13} \cdot 10^E$. Folglich ist für hinreichend großen Exponenten E auch $|x_{i+1} - x_i| > \varepsilon_4$, so daß der Absoluttest (3.4) nicht ansprechen kann. Ein *Relativtest*

$$|x_{i+1} - x_i| < \varepsilon_5 \cdot |x_{i+1}|$$

hat diesen Nachteil nicht. Allerdings ist dieser Test für kleine $|x_{i+1}|$ in der Regel zu scharf. Der Test (3.3) vereinigt die Vorteile von Absolut- und Relativtest. Denn für im Vergleich zu ε_3 kleine $|x_{i+1}|$ ist (3.3) im Prinzip ein Absoluttest mit $\varepsilon_4 = \varepsilon_2 \cdot \varepsilon_3$ und für große $|x_{i+1}|$ ein Relativtest mit $\varepsilon_5 = \varepsilon_2$.

Das Newtonsche Verfahren konvergiert unter recht schwachen Voraussetzungen an die Funktion f und die zu bestimmende Nullstelle x^* gegen x^*, wenn nur der Startwert x_0 hinreichend nahe bei x^* gewählt wird. Allerdings wird die Schnelligkeit der Konvergenz durch diese Eigenschaften beeinflußt, was aber bei Arbeit auf dem Rechner kaum zu merken ist. Am bekanntesten ist die folgende Konvergenzaussage:

Satz 3.1. *Die Funktion f sei in einer Umgebung der Nullstelle x^* zweimal stetig differenzierbar, und es sei x^* einfache Nullstelle von f, d. h. $f'(x^*) \neq 0$. Dann ist das Newtonsche Verfahren für alle hinreichend nahe bei x^* gelegenen Startwerte x_0 durchführbar und gegen x^* konvergent. Dabei gilt für die absoluten Fehler $|x_i - x^*|$ der erzeugten Folge $\{x_i\}$ die Ungleichung*

$$|\,x_{i+1} - x^*\,| \leq c\,|\,x_i - x^*\,|^2 \quad \textit{für alle} \quad i = 0, 1, 2, \ldots \tag{3.5}$$

mit einer problemabhängigen Konstanten $c > 0$.

Man spricht wegen des Quadrates auf der rechten Seite in (3.5) von *quadratischer Konvergenz.* Quadratische Konvergenz bewirkt eine ausgesprochen schnelle Reduktion der absoluten Fehler $|x_i - x^*|$ in der Endphase der Rechnung. Wenn der Einfachheit halber für die von f abhängige Konstante c der Wert $c = 1$ angenommen wird und $|\,x_i - x^*\,| < 10^{-1}$ für ein i gilt, dann folgt aus (3.5) sofort $|\,x_{i+1} - x^*\,| < 10^{-2}$, $|\,x_{i+2} - x^*\,| < 10^{-4}$, $|\,x_{i+3} - x^*\,| < 10^{-8}$ usw.

Ein gewisses Problem stellt die Beschaffung eines geeigneten Startwertes x_0 dar. Dies ist aber zumindest dann mit der folgenden Halbierungstechnik relativ einfach, wenn für die zu bestimmende Nullstelle x^* ein Intervall $[a, b]$ mit $f(a) \cdot f(b) < 0$ bekannt ist, das x^*, aber keine weitere Nullstelle von f enthält, und wenn das Newtonsche Verfahren für alle hinreichend nahe bei x^* gelegenen Startwerte x_0 gegen x^* konvergiert. Diese Technik wird bei der folgenden algorithmischen Beschreibung mit der Durchführung des Newtonschen Verfahrens kombiniert:

Algorithmus 3.1.

(S1) Wende das Newtonsche Verfahren auf f mit dem Startwert $x_0 = c := (a+b)/2$ an. Falls die vom Verfahren erzeugte Folge $x_0, x_1, \ldots$ gegen eine Nullstelle im Intervall (a, b) konvergiert, endet der Algorithmus. Andernfalls gehe nach (S2). (Startwert verworfen; Intervall halbieren.)

(S2) Falls $f(a) \cdot f(c) < 0$, so wähle $b := c$, andernfalls $a := c$. Gehe nach (S1).

Dabei nehmen wir natürlich an, daß der Algorithmus im Fall $f(c) = 0$ in (S1) endet. Mit (S2) werden die neuen Intervallgrenzen b bzw. a so festgelegt, daß stets $f(a) \cdot f(b) < 0$ gilt. Da die Länge des die Nullstelle x^* einschließenden Intervalls $[a, b]$ sukzessive halbiert wird, approximiert folglich der Startwert $x_0 = (a+b)/2$ die Nullstelle x^* immer genauer, so daß der Algorithmus nach endlich vielen Durchläufen in (S1) endet. Für die Implementierung von (S1) sind verschiedene Techniken bekannt. Unter den Voraussetzungen von Satz 3.1 bilden die absoluten Funktionswerte $|f(x_i)|$ der Iterierten für hinreichend nahe bei x^* gelegene x_0 eine streng monoton fallende Folge. Diese Eigenschaft kann mit dem sogenannten *Abstiegstest* $|f(x_{i+1})| < |f(x_i)|$ in jedem Iterationsschritt überprüft werden; bei Verletzung gehe nach (S2). Zudem konvergiert die Iteriertenfolge nach (3.5) in der Umgebung einer einfachen Nullstelle x^* sehr schnell gegen x^*, so daß nach wenigen Iterationsschritten einer der Abbruchtests (3.2) bzw. (3.3) erfüllt ist. Ein weiterer pragmatischer *Konvergenztest* ist demnach: Falls nach $i_{\max}$ Iterationsschritten mit z. B. $i_{\max} = 100$ kein Abbruchtest im Sinne von (3.2) bzw. (3.3) erfüllt ist, gehe nach (S2).

An dieser Stelle sei noch erwähnt, daß mitunter empfohlen wird, den Startwert x_0 so zu wählen, daß die Ungleichung

$$|f(x_0) \cdot f''(x_0)/f'(x_0)^2| < 1 \tag{3.6}$$

gilt. Wenn f im symmetrischen Intervall $J_0 = [x^* - |x^* - x_0|, x^* + |x^* - x_0|]$ um die zu bestimmende Nullstelle x^* dreimal stetig differenzierbar ist und die angegebene Bedingung nicht nur an der Stelle x_0, sondern für alle $x \in J_0$ erfüllt ist, ist (3.6) hinreichend für Konvergenz der vom Newtonschen Verfahren erzeugten Folge $\{x_0, x_1, x_2, \ldots\}$ gegen x^*. Da in (3.6) die zweite Ableitung f'' eingeht, die für das Newtonsche Verfahren selbst nicht benötigt wird und die Entscheidung über die Konvergenz oder Divergenz ohnehin unsicher ist, kann die Verwendung von (3.6) nicht empfohlen werden. In gängiger Software zur Nullstellenbestimmung spielt (3.6) auch keine Rolle.

b) GRAPH-**Menü:** Nach Auswahl einer Funktion f, dem Einstellen der Grenzen Xmin$= a$ und Xmax$= b$ des Betrachtungsfensters, wobei $[a,b]$ das Intervall ist, in dem die Nullstellen gesucht werden sollen, und dem Zeichnen des Graphen können mit der Tastenfolge (SHIFT) (F5) (G-Solv) (F1) (ROOT) mehrere vorhandene Nullstellen von f auf dem Intervall [Xmin,Xmax] berechnet werden, ohne daß Anfangsnäherungen für die Nullstellen vorzugeben sind.

Dabei kommt der folgende Algorithmus zur Anwendung: Es wird die x-Achse bei Vorgabe einer kleinen Schrittweite $h =$ (Xmax$-$Xmin)$/2^n$ (n gegeben) durch die Teilpunkte $\xi_i =$Xmin$+i \cdot h$ für $i = 0, \dots, 2^n$ diskretisiert.

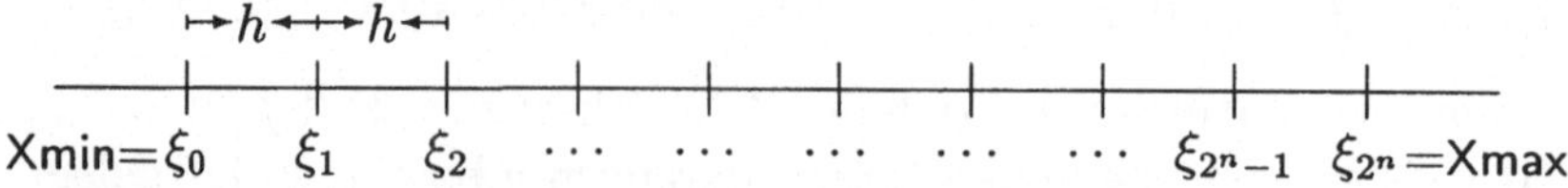

Nun wird zunächst das linke Teilintervall $[\xi_0, \xi_1]$ betrachtet und der folgende Algorithmus abgearbeitet:

Algorithmus 3.2.

(S1) *Falls* $f(\xi_0) = 0$ *bzw.* $|f(\xi_0)| < \varepsilon_1$, *ist* ξ_0 *die erste Nullstelle. Gehe nach (S3).*

(S2) *Falls* $f(\xi_0) \cdot f(\xi_1) < 0$, *enthält das Intervall* (ξ_0, ξ_1) *im Falle einer stetigen Funktion* f *wenigstens eine Nullstelle. Bestimme eine dieser Nullstellen mit dem Newtonschen Verfahren, wobei das Vorgehen der im Algorithmus 3.1 beschriebenen Startwertbeschaffung entspricht, oder mit einem anderen geeigneten Verfahren, z. B. mit dem Halbierungsverfahren. Gehe nach (S3).*

(S3) *Wiederhole die Schritte (S1), (S2) für das folgende Intervall* $[\xi_1, \xi_2]$, *usw.*

Da im Inneren jedes Teilintervalles höchstens eine Nullstelle berechnet wird, lassen sich stets Beispiele konstruieren, bei denen der verwendete Algorithmus nicht alle existierenden Nullstellen findet.

Beispiel 3.1. $f(x) = x(x-\pi)^2$
Die Funktion hat die Nullstellen $x_1^* = 0$ und $x_2^* = \pi$, die sowohl im RUN- als auch im GRAPH-Menü berechnet werden sollen.

a) RUN-Menü: Der bekannte Aufruf Solve($x(x-\pi)^2$,x_0, a, b) liefert für nicht zu groben Startwert x_0 und geeignete Intervallgrenzen a und b, die aber auch weggelassen werden können, x_1^* oder x_2^*. Als Beispiel betrachten wir dazu den folgenden Aufruf mit dem Startwert $x_0 = 1$, wobei keine Intervallgrenzen angegeben worden sind:

(OPTN) (F4) (CALC) (F1) (Solve) (X,Θ,T) (X) (( ) (X,Θ,T) (X) (−) (SHIFT) (EXP) (π) ( )) (x^2) (^{2}) (,) (1) (EXE)

Solve (X(X − π)^2,1
0

Analog liefert Solve (X(X − π)^2,1,-1,1) die Nullstelle $x_1^* = 0$, und der Aufruf Solve (X(X − π)^2,2,1,4) ergibt eine Näherung für die Nullstelle $x_2^* = \pi$. Dagegen führt Solve (X(X − π)^2,1,1,4) zur Mitteilung Ma ERROR, weil das Newtonsche Verfahren mit dem Startwert $x_0 = 1$ nicht gegen $x_2^* \in [1,4]$ konvergiert.

Die Konvergenz des Newtonschen Verfahrens erfolgt bei vergleichbar genauen Startwerten gegen die einfache Nullstelle $x_1^* = 0$ schnell, weil die Voraussetzungen von Satz 3.1 erfüllt sind. Dagegen konvergieren die vom Newtonschen Verfahren erzeugten Folgen meßbar langsamer gegen die doppelte Nullstelle $x_2^* = \pi$. Wegen $f'(\pi) = 0$ sind die Voraussetzungen von Satz 3.1 nicht erfüllt. Folglich kann keine quadratische Konvergenz erwartet werden. Bei mehrfachen Nullstellen ist daher mit einer langsameren Konvergenz zu rechnen.

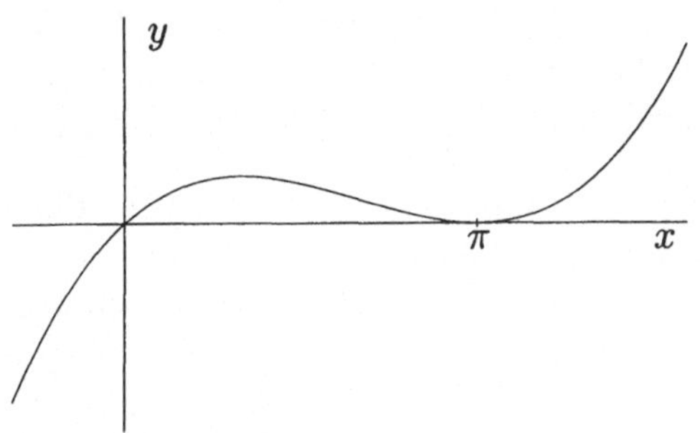

Abbildung 3.1: Graph von $f(x) = x(x-\pi)^2$

b) GRAPH-Menü: Zunächst wird die Funktion f als eine graphisch darzustellende Funktion unter z. B. Y2 eingetragen:

(▼)
(X,Θ,T) (X) (( ) (X,Θ,T) (X) (−)
(SHIFT) (EXP) (π) ( )) (x^2) (^{2})
(EXE)

Graph Func :Y=
Y1= ···
Y2=X(X − π)^2
⋮

Um die Funktion jetzt zeichnen zu lassen, sollten keine anderen Funktionen markiert und ein standardmäßig verfügbares Betrachtungsfenster eingestellt sein. Vorhandene Markierungen bei anderen Funktionen kann man mit (F1) (SEL) deaktivieren, und ein Standardfenster erhält man wie folgt:

(SHIFT) (F3) (V-Window) (F1) (INIT)
(EXE)

View Window	
Xmin	: -6.3
max	: 6.3
scale	: 1
Ymin	: -3.1
max	: 3.1
scale	: 1

Ebenso könnte mit (F3) (STD) das andere voreingestellte Betrachtungsfenster im Menü V-Window aktiviert werden. Nun wird mit (F6) (DRAW) der Graph von Y2 gezeichnet. Anschließend kann durch (SHIFT) (F5) (G-Solv) (F1) (ROOT) die erste Nullstelle $x_1^* = 0$ ermittelt werden. Wenn der Rechner nun vermittels (▶) zur Suche weiterer Nullstellen aufgefordert wird, findet er jedoch die zweite Nullstelle $x_2^* = \pi$ nicht. Ändert man die Funktion f in $\tilde{f}(x) = x(x-3)^2$, so wird dagegen auch die doppelte Nullstelle $x^* = 3$ gefunden. Dieser Sachverhalt läßt sich mit der Arbeitsweise des Algorithmus 3.2 erklären: Da $x^* = 3$ im gewählten Betrachtungsfenster ein Gitterpunkt $\xi_j = 3$ ist, findet der Algorithmus wegen $\tilde{f}(3) = 0$ die Nullstelle $x^* = 3$ von $\tilde{f}$. Dagegen sind alle Gitterpunkte $\xi_0, \xi_1, \xi_2, \ldots$ verschieden von $x_2^* = \pi$. Damit sind alle Funktionswerte $f(\xi_i)$ für die Gitterpunkte $\xi_i > 0$ positiv, so daß die doppelte Nullstelle $x_2^* = \pi$ im Schritt (S2) des Algorithmus nicht lokalisiert werden kann.

c) Für Übungszwecke sollen die beiden ersten Schritte des Newtonschen Verfahrens (3.1) im Fall $x_0 = 0.5$ graphisch veranschaulicht und die entsprechenden Iterierten x_1 und x_2 berechnet werden. Dabei gehen wir davon aus, daß die Funktion f wie unter b) als Graphikfunktion Y2 = X(X−π)² und f' auch als Graphikfunktion Y4 = d/dx(Y2,X) wie im Beispiel 3.5 gespeichert vorliegen. Damit erläutern wir auch den Zugriff auf Graphikfunktionen im RUN- und PRGM-Menü. Wir stellen die Vorgehensweise im RUN-Menü dar, wobei nicht auf jedes Detail bei der Eingabe eingegangen werden kann:

(i) 0.5 → X (EXE)   X−Y2÷Y4 → Z (EXE)
Es wird das Ergebnis x_1 angezeigt und in der Variablen Z gespeichert. Bei der Eingabe ist zu beachten, daß die Variable Z wie üblich über die Tasten (ALPHA) (0) einzugeben ist. Dagegen muß das Y als Kennzeichnung einer Graphikfunktion mittels (VARS) (F4) (GRPH) (F1) (Y) erzeugt werden, vgl. Beispiel 3.5.

(ii) Löschen der Graphikanzeige:

(SHIFT) (VARS) (PRGM) (F6)
(F1) (CLR) (F2) (Grph) (EXE)

```
ClrGraph
```

(iii) Einstellen eines geeigneten Betrachtungsfensters:
Xmin = −0.8, Xmax = 1, Ymin = −4, Ymax = 4 .

(iv) Darstellung der Funktion Y2 und der Tangente an der Stelle X = 0.5:

(SHIFT) (F4) (Sketch) (F2) (Tang)
(VARS) (F4) (GRPH) (F1) (Y) (2)
(,) (X,Θ,T) (X) (EXE)

```
Tangent Y2,X
```

Auf dem Display werden außerdem X, der Funktionswert an der Stelle X und, sofern über (SHIFT) (MENU) (SET UP) die Ableitungsanzeige (Derivative : On) aktiviert ist, die Ableitung an der Stelle X eingeblendet.

(v) Berechnung der zweiten Iterierten x_2 des Newtonschen Verfahrens und Darstellung der Tangente von Y2 an der Stelle X$=x_1$ in dem unter (iv) erzeugten Bild:

(SHIFT) (EXIT) (QUIT)
(ALPHA) (0) (Z) (→) (X,Θ,T) (X) (EXE)
(X,Θ,T) (X) (−) (VARS) (F4) (GRPH)
(F1) (Y) (2) (÷) (F1) (Y) (4) (→)
(ALPHA) (0) (Z) (EXE)
(SHIFT) (F4) (Sketch) (F2) (Tang) (VARS)
(F4) (GRPH) (F1) (Y) (2) (,) (X,Θ,T) (X)
(EXE)

```
Z → X
            -0.3045820916
X−Y2÷Y4 → Z
           -0.04575212684
Tangent Y2,X
```

Beispiel 3.2. $f(x)=\dfrac{M\,x}{1+M\,x^2}\quad(M>0)$

Die Extremstellen liegen bei $x=\pm1/\sqrt{M}$. Folglich wird das Newtonsche Verfahren wenigstens für alle Startwerte x_0 mit $|x_0|>1/\sqrt{M}$ divergieren. Je größer der Parameter M ist, desto genauer muß also der Startwert gewählt werden. Das Beispiel verdeutlicht, daß die Vorgabe eines *hinreichend genauen Startwertes* tatsächlich eine notwendige Voraussetzung für die Konvergenz des Newtonschen Verfahrens ist und daß der Einzugsbereich des Verfahrens bei gewissen Nullstellen sehr klein sein kann. Als Einzugsbereich einer Nullstelle x^* bezeichnet man die Menge aller Startpunkte, für die das Verfahren eine gegen x^* konvergente Folge erzeugt. Wird beispielsweise der Parameter $M=1000$ gewählt, so ist x_0 nur im Fall $|x_0|<1/\sqrt{1000}\approx0.03$ erfolgversprechend.

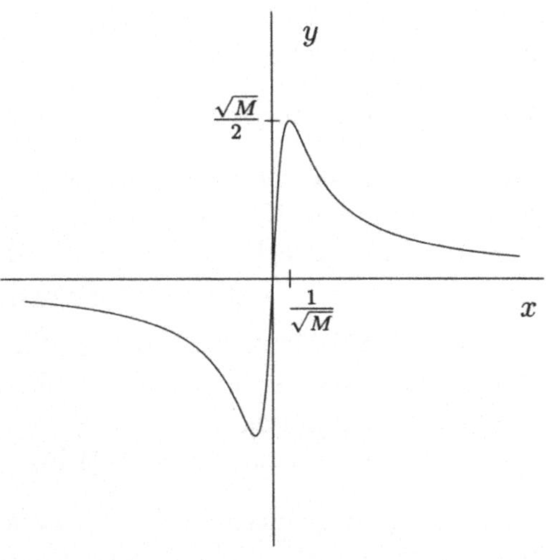

Abbildung 3.2: Graph von $f(x)=\dfrac{M\,x}{1+M\,x^2}$

a) RUN-Menü: Der übliche Aufruf Solve(1000X÷(1+1000X²),0.02) liefert die

Nullstelle $x^* = 0$. Bei Verwendung des Startwertes $x_0 = 0.03$ erscheint hingegen als Ergebnis die Zahl -2.982278167 E+11. Eine Erklärung für das falsche und alarmierende Resultat ist rasch gefunden, wenn man sich das Newtonsche Verfahren graphisch vorstellt. Die Iterierte x_1 ist negativ und liegt links von der Minimumstelle $-1/\sqrt{1000}$. Das Verfahren erzeugt dann für $i = 2, 3, \ldots$ eine Folge streng monoton fallender Iterierter x_i mit $f(x_i) \to 0$. Wenn man sich jetzt an die Beschreibung der Abbruchtests erinnert, wird alles verständlich. Ganz offensichtlich ist der Abbruchtest (3.2) für hinreichend großes i erfüllt, und die Rechnung wird als vermeintlich *erfolgreich* wegen $|f(x_i)| < \varepsilon_1$ abgebrochen. Der Aufruf Solve(1000X÷(1+1000X^2),0.03,-1,1) führt zu Ma ERROR.

b) GRAPH-Menü: Zunächst muß man das Betrachtungsfenster geeignet wählen, um einen aussagefähigen Teil des Graphen auf dem Display zu erzeugen. Geeignete Werte im Fall $M = 1000$ sind Xmin$= -0.1$, Xmax$= 0.1$, Ymin$= -20$, Ymax$= 20$. Im Menüpunkt ROOT findet man die Nullstelle $x^* = 0$ wie erwartet. Ändert man das x-Intervall gemäß Xmin$= -10^{12}$, Xmax$= 10^{12}$ für das Betrachtungsfenster und behält das y-Intervall bei, so ist nur ein *degenerierter* Graph der Funktion f zu sehen. Trotzdem findet man hier vermittels ROOT die Nullstelle $x^* = 0$. Da keine weitere Nullstelle gefunden wird, kann man schließen, daß im Menüpunkt ROOT der Test $f(\xi_i) = 0$ in den Gitterpunkten ξ_i und nicht der (3.2) entsprechende Abbruchtest $|f(\xi_i)| < \varepsilon$ mit einem $\varepsilon > 0$ verwendet wird.

Weitere interessante Beispiele findet man in [4].

Auf dem TI kann man eine Nullstelle einer Funktion f – weitestgehend vergleichbar mit dem CASIO – bestimmen im Basis-Menü oder innerhalb eines selbst geschriebenen Programmes mit der Anweisung

Solver($f(x)$, x,Startwert⟨e⟩,Intervall)

bzw. im GRAPH-Menü nach der graphischen Darstellung der Funktion f im Untermenü MATH über die „Taste" ROOT. Außerdem gibt es auf dem TI zur Nullstellenbestimmung das über (2nd) (GRAPH) (SOLVER) erreichbare SOLVER-Menü. Vergleiche dazu [22, S. 4-24 bis 4-26, 14-1 bis 14-7].

Bei all diesen Varianten wird im Unterschied zum CASIO höchstens eine Nullstelle ermittelt und ein und derselbe Algorithmus verwendet. Obwohl es im Handbuch [22] nicht explizit erwähnt ist, dürfte der eingesetzte Algorithmus auf dem Newtonschen Verfahren (3.1) beruhen. Dabei wird vermutlich die *exakte* Ableitung bzw. die numerisch berechnete Ableitung in Abhängigkeit des z. B. über (2nd) (MORE) (MODE) aktivierten Modus dxDer1 bzw. dxNDer verwendet. In der Solver-Anweisung kann an Stelle eines Startwertes auch eine Liste mit zwei Startwerten stehen. So liefert Solver(x(x $-\pi)^2$,x,{0.5,0.6},{-1,1}) im Basis-Menü mit den beiden Startwerten 0.5 und 0.6 und dem Intervall $[-1, 1]$, in dem die gesuchte Nullstelle liegen muß, die Nullstelle $x^* = 0$. Dabei enthält die Variable x nach der Abarbeitung der Anweisung das Resultat, das *nicht* automatisch auf dem Display angezeigt wird, d. h. um die so berechnete Näherung für die gesuchte Nullstelle auszugeben, ist die Variable x noch aufzurufen. Auf die Angabe des Intervalls in der Solver-Anweisung kann wie auf dem CASIO verzichtet werden. Es wird dann mit dem voreingestellten Intervall $[-10^{99}, 10^{99}]$ gearbeitet. Die Tatsache, daß auch zwei Startwerte möglich sind, deutet darauf hin, daß neben dem Newtonschen Verfahren auch die *Regula falsi* [15] zum Einsatz kommt.

Zu den Beispielen 3.1 und 3.2 geben wir noch die folgenden Ergebnisse des TI an, die teilweise zeigen, daß auf TI und auf CASIO unterschiedliche Varianten des Newtonschen Verfahrens implementiert worden sind: Solver(x(x $-\pi)^2$,x,3) liefert eine gute Approximation für die Nullstelle π. Dagegen endet der Aufruf Solver(x(x $-\pi)^2$,x,1.5,{1,4}) mit ERROR 27 NO SIGN CHNG – kein Vorzeichenwechsel. Solver(1000x/(1 + 1000x^2),x,0.03) berechnet die Nullstelle $x^* = 0$. Obwohl der Aufruf Solver(xx^2,x,0.1) mit ERROR 28 ITERATIONS – maximale Iterationsschrittzahl erreicht – endet, steht auf der Ergebnisvariablen x ein Wert der Größenordnung 10^{-71}, was eine sehr gute Näherung für die Nullstelle $x^* = 0$ ist. Die Teilaufgabe c) in Beispiel 3.1 kann analog zum CASIO im Basis-Menü bearbeitet werden. Die Ableitung f' wird jetzt als Graphikfunktion y4 in der Form y4 = der1(y2,x) bei Verwendung der *exakten* Ableitung der1, vgl. Abschnitt 3.2, bereitgestellt. Die Graphikanzeige kann mittels ClDrw gelöscht werden. Der Graph von y2 und die zugehörige Tangente an der Stelle x lassen sich durch TanLn(y2,x) erzeugen. Dabei können sämtliche Anweisungen zeichenweise über die Tastatur eingegeben werden.

Abschließend sei noch darauf hingewiesen, daß sich beim TI die Nullstellen eines Polynoms bis zum Höchstgrad 30 im POLY-Menü numerisch ermitteln lassen, s. [22, S. 14-8]. Auf dem CASIO können Nullstellen von Polynomen zweiten und dritten Grades im EQUA-Menü auf der Basis der bekannten Lösungsformeln bestimmt werden; zu Genauigkeitsfragen s. [4].

3.2 Numerische Differentiation

Der CASIO kann Näherungswerte für die erste und zweite Ableitung einer Funktion f an einer festen Stelle $x = a$ im RUN-Menü vermittels (OPTN) (F4) (CALC) (F2) (d/dx) ... bzw. (OPTN) (F4) (CALC) (F3) (d^2/dx^2) ... und in weiteren Menüs berechnen. Im GRAPH-Menü werden nach der graphischen Darstellung einer Funktion über (SHIFT) (F1) (Trace) nicht nur der Funktionswert, sondern auch der Wert der ersten Ableitung an den zu den Displaypunkten gehörigen Abszissen angezeigt, sofern vorher im SET UP-Menü der Modus Derivative: On eingestellt worden ist. In diesem Modus werden auch die Werte der ersten Ableitung im TABLE-Menü angezeigt. Die Beschreibung der Syntax bzw. Hinweise zur Handhabung und Einführungsbeispiele findet man im Handbuch [21, Abschnitte 3-3, 3-4 und 8-6].

Laut [21] werden zur Berechnung einer Näherung für die erste Ableitung der zentrale Differenzenquotient

$$f'(a) \approx \frac{f(a+\Delta x) - f(a-\Delta x)}{2\Delta x} \tag{3.7}$$

und für die zweite Ableitung der Differenzenquotient

$$f''(a) \approx \frac{-f(a-2\Delta x) + 16f(a-\Delta x) - 30f(a) + 16f(a+\Delta x) - f(a+2\Delta x)}{12(\Delta x)^2} \tag{3.8}$$

mit einem jeweils geeigneten $\Delta x > 0$ verwendet. Diese Näherungsformeln lassen sich mittels Polynominterpolation gewinnen, zur Interpolation siehe Abschnitt 3.6. So erhält man (3.7), indem man durch die zwei Punkte $(a - \Delta x, f(a-\Delta x))$ und $(a+\Delta x, f(a+\Delta x))$ das Interpolationspolynom vom Höchstgrad 1 legt und die Ableitung des Interpolationspolynoms an der Stelle a als Approximation für $f'(a)$ verwendet. Natürlich kann hier beim Interpolationspolynom vom Höchstgrad 1 die Ableitung an einer beliebigen Stelle genommen werden, da das Polynom eine Gerade beschreibt. Der Anstieg dieser Geraden wird als Näherung für $f'(a)$ verwendet. Analog gewinnt man (3.8), indem man durch die fünf Punkte, die aus dem Zähler von (3.8) abgelesen werden können, das Interpolationspolynom vom Höchstgrad 4 legt und die zweite Ableitung des Polynoms – hier zwingend – an der Stelle a als Näherung für $f''(a)$ benutzt.

Die numerische Differentiation auf der Basis der Polynominterpolation ist im allgemeinen nicht zu empfehlen, weil durch Stellenauslöschung mit größeren Ungenauigkeiten zu rechnen ist, siehe z. B. [5], [15]. Die Näherungsausdrücke für die Ableitungen streben zwar mit $\Delta x \to 0$ gegen die Ableitungen, sofern f hinreichend oft differenzierbar ist. Doch bei numerischer Rechnung wird die Approximationsgüte zwar zunächst bei Verkleinerung von Δx besser, bei weiterer Verkleinerung tritt dann Stellenauslöschung immer stärker in Erscheinung, so daß die Approximationsgüte sinkt. Im Extremfall liegt bei zu kleinem $\Delta x > 0$ der durch numerische Differentiation gewonnene Wert für die gewünschte Ableitung nicht einmal mehr in der Größenordnung der exakten Ableitungswerte. Günstigere Formeln zur numerischen Differentiation findet man

z. B. in [5] und [15]. Es ist schwer nachvollziehbar, weshalb unter den interpolatorischen Differentiationsformeln gerade (3.7) und (3.8) gewählt worden sind, da beide Formeln eine unterschiedliche Approximationsfehlerordnung besitzen. Im Fall von (3.7) geht der Approximationsfehler $f'(a) - \frac{f(a+\Delta x)-f(a-\Delta x)}{2\Delta x}$ mit $\Delta x \to 0$ gegen Null wie $c_1 \cdot (\Delta x)^2$, wobei $c_1 > 0$ von $f'''(x)$ in einer Umgebung von a abhängt, d. h., die Approximationsfehlerordnung ist 2. Dagegen hat der Approximationsfehler zu (3.8) die Ordnung 4, d. h., der Approximationsfehler strebt wie $c_2 \cdot (\Delta x)^4$ gegen Null für $\Delta x \to 0$, wobei $c_2 > 0$ von der sechsten Ableitung von f in einer Umgebung von a abhängt. Mit anderen Worten, die Approximationen von f' nach (3.7) und f'' nach (3.8) sind von unterschiedlicher Qualität. Möglicherweise ist die Wahl von (3.7), (3.8) aber auch bewußt getroffen worden.

Die Wahl von Δx erfolgt normalerweise automatisch. Es kann aber auch vom Nutzer bei der numerischen Berechnung der ersten Ableitung die Diskretisierungsschrittweite Δx und bei der zweiten Ableitung eine untere Grenze $1/5^n$ für die Diskretisierungsschrittweite Δx durch die Angabe des Parameters n beim Aufruf der numerischen Differentiationsformel (3.8) vorgegeben werden. Im zweiten Fall ist $n \in \{1, \cdots, 15\}$ möglich, d. h., $n = 15$ ist theoretisch die höchste Genauigkeitsstufe. Empfohlen wird im Handbuch [21, S. 74], daß der Eingabeparameter n in der Regel nicht nutzerseitig verwendet werden sollte, weil die Vergrößerung von n nicht unbedingt eine Verbesserung der Approximationsgüte impliziert. Dies ist aus der Sicht der obigen Diskussion zu unterstreichen und wird durch das Beispiel 3.4 bestätigt.

Beispiel 3.3. $f(x) = |x|$

Obwohl die Funktion $f(x) = |x|$ an der Stelle $x = 0$ nicht differenzierbar ist, liefert der Rechner im RUN-Menü nach (3.7) erwartungsgemäß für die erste Ableitung das folgende Ergebnis:

(OPTN) (F4) (CALC) (F2) (d/dx)
(OPTN) (F6) (F4) (NUM) (F1) (Abs)
(X,Θ,T) (X) (,) (0) (EXE)

```
d/dx(Abs X,0
                 0
```

Wird dagegen die numerische Auswertung der zweiten Ableitung von $f(x) = |x|$ an der Stelle $x = 0$ verlangt, erfolgt die Ausschrift Ma ERROR :

(OPTN) (F4) (CALC) (F3) (d^2/dx^2)
(OPTN) (F6) (F4) (NUM) (F1) (Abs)
(X,Θ,T) (X) (,) (0) (EXE)

```
d²/dx²(Abs X,0
⋮
      Ma   ERROR
```

Vermutlich wird die voreingestellte Approximationsgüte nicht erreicht.

Im GRAPH-Menü wählen wir wie im Beispiel 3.1 das Standardbetrachtungsfenster INIT mit Xmin = −6.3, Xmax = 6.3, Ymin = −3.1, Ymax = 3.1 und tragen die Funktion $f(x) = |x|$ z. B. unter Y1 ein:

(OPTN) (F5) (NUM) (F1) (Abs)
(X,Θ,T) (X)
(EXE)

Graph Func :Y=
Y1= Abs X
⋮

Nach dem Deaktivieren eventuell weiterer markierter Funktionen mit Hilfe der Taste (F1) (SEL), dem Zeichnen der Funktion mittels (F6) (DRAW) und dem Einstellen des Modus Derivative: On im SET UP-Menü vermittels der Tastenfolge (SHIFT) (MENU) (SET UP)... (EXIT) können mit (SHIFT) (F1) (Trace) die Funktionswerte und die Werte der ersten Ableitung für die den Displaypunkten zugehörigen Abszissen im Intervall [Xmin,Xmax] ermittelt werden.

Beispiel 3.4. $f(x) = e^x$

Genauigkeitsstufe n	d^2/dx^2(eX,1,n)
1 , 2 , 3 , 4 , 5	2.718 281 751
6	2.718 281 83
7	2.718 281 83
8	2.718 281 833
9	0
10	2.718 281 751
11 , 12 , 13 , 14 , 15	0
voreingestellt	2.718 281 83

An Hand der beliebig oft differenzierbaren Funktion $f(x) = e^x$ soll einmal demonstriert werden, wie gut die implementierte Formel zur numerischen Berechnung der zweiten Ableitung von f den Ableitungswert $f''(1) = e$, $e = 2.718281828...$, in Abhängigkeit der wählbaren Genauigkeitsstufe n approximiert, vgl. [21, S. 74].

Beispiel 3.5. $f(x) = x(x - \pi)^2$

Die Funktion sei als Graphikfunktion z. B. unter Y2 gespeichert. Es soll die Ableitung als Graphikfunktion bereitgestellt werden. Man kann $f'(x)$ per Hand analytisch berechnen und dann im GRAPH-Menü z. B. als Y3 eingeben. Es ist allerdings auch möglich, $f'(x)$ numerisch zu approximieren, indem man die numerische Differentiation von Y2 z. B. als Y4 erzeugt:

(OPTN) (F2) (CALC) (F1) (d/dx)
(VARS) (F4) (GRPH) (F1) (Y)
(2) (,) (X,Θ,T) (X)
(EXE)

Graph Func :Y=
Y1= ···
Y2=X(X − π)^2
Y3=(X − π)(3X − π)
Y4=d/dx(Y2,X
⋮

Man beachte dabei, daß die übliche Eingabe des Y über die Tasten (ALPHA)(−) zur Erzeugung des Funktionsnamens Y2 als Argument von d/dx(nicht funktioniert und beim Zeichnen von Y4 zu Syn ERROR führt.

Weitere Beispiele findet man in [4].

Wir wenden uns nun dem TI zu. Um die Genauigkeitsprobleme bei der numerischen Differentiation mittels Differenzenquotienten vermeiden zu können, ermöglicht der TI für alle einfachen und zusammengesetzten Standardfunktionen $f(x)$ eine im Rahmen der Rechnergenauigkeit weitgehend exakte Berechnung der ersten und zweiten Ableitung an einer festen Stelle $x=\mathsf{A}$ auf der Basis der bekannten Differentiationsregeln wie z. B. der Kettenregel, s. [22, S. 3–14]. Bis auf diesen wesentlichen Unterschied ist der TI hinsichtlich der Differentiation mit dem CASIO vergleichbar. Die erwähnte Möglichkeit zur exakten Ableitungsberechnung kann z. B. vom Basis-Menü aus vermittels der Anweisung der1($f(x), x$,A) für $f'(\mathsf{A})$ bzw. der2($f(x), x$,A) für $f''(\mathsf{A})$ genutzt werden. So erhält man beispielsweise für $f(x) = |x|$ aus Beispiel 3.3 mit der Anweisung der1(abs x,x,1) den Ableitungswert $1 = f'(1)$, dagegen führt die Anweisung der1(abs x,x,0) zu der Fehlermeldung ERROR 04 DOMAIN, weil die Ableitung von $f(x) = |x|$ an der Stelle $x = 0$ nicht existiert. Für die zweite Ableitung von $f(x) = e^x$ an der Stelle $x = 1$ aus Beispiel 3.4 erhält man hier mittels der Anweisung der2(e^x,x,1) den auf zwölf Stellen genauen Wert 2.718 281 828 46. Im Beispiel 3.5 ist die Graphikfunktion y4 bei exakter Auswertung der Ableitung der Polynomfunktion y2 in der Form y4=der1(y2,x) einzugeben. Wenn der1 bzw. der2 auf eine Funktion nicht anwendbar ist, so löst die entsprechende Anweisung die Fehlermeldung ERROR 17 INVALID aus. Es erweist sich als gar nicht so einfach, eine Funktion zu finden, für die dieser Fall eintritt. Als Beispiel verweisen wir auf $f(x) = \mathsf{int}\, x$, wobei $\mathsf{int}\, x$ die größte ganze Zahl ergibt, die kleiner oder gleich x ist. Die Anweisung der1(int x,x,0.5) führt zur genannten Fehlermeldung. Für derartige Ausnahmefälle kann auf TI eine Näherung für die erste Ableitung mittels nDer berechnet werden, wobei hier analog zum CASIO der zentrale Differenzenquotient (3.7) verwendet wird, vgl. [22, S. 3-13]. So liefert nDer(int x,x,0.5) den exakten Wert $0 = f'(0.5)$. Für die Funktion $f(x) = |x|$ erhält man mittels nDer(abs x,x,0) jetzt wieder das falsche Ergebnis Null. Für die numerische Berechnung der zweiten Ableitung einer Funktion gibt es auf dem TI keine entsprechende Möglichkeit. Im GRAPH-Menü kann die erste Ableitung einer Funktion – ähnlich wie beim CASIO – an einer ausgewählten Stelle des RANGE-Intervall [xMin,xMax] berechnet werden. Dabei wird die Ableitung mittels der1 oder nDer berechnet, je nachdem, welcher Ableitungsmodus über (2nd) (MORE) (MODE) eingestellt worden ist. Nach der Eingabe der Funktion im GRAPH-Menü kann im Untermenü MATH mit der „Taste“ dy/dx das Zeichnen des Graphen und nach Wahl eines x-Wertes mittels (▶) bzw. (◀) sowie nach Bestätigung mittels (ENTER) die Berechnung der Ableitung an der Stelle x veranlaßt werden.

3.3 Numerische Integration

Auf dem CASIO kann man bestimmte Integrale im RUN- und PRGM-Menü über (OPTN) (F4) (CALC) (F4) (∫dx) numerisch berechnen, s. Handbuch [21, Abschnitt 3-5]. Auch im GRAPH-Menü ist nach der graphischen Darstellung des Integranden mittels (SHIFT) (F5) (G-Solv) (F6) (F3) (∫dx) die numerische Integration möglich, vgl. [21, Abschnitt 9-2]. Dabei wird bei der Integration im GRAPH-Menü vermittels (G-Solv) intern selbstverständlich derselbe Algorithmus bzw. dieselbe Software verwendet wie in den anderen Menüs, in denen numerische Integration möglich ist. Folglich sind auch die berechneten Näherungswerte für die Integrale gleich. Der einzige wesentliche Unterschied ist, daß bei der Integration im GRAPH-Menü der Integrationsbereich als die zu berechnende Fläche auf dem Display optisch dargestellt wird. Außerdem kann man im GRAPH-Menü die Genauigkeit der Integration nicht beeinflussen. Die Genauigkeit wird hier automatisch gesteuert, dagegen kann man bei Integration im RUN- und PRGM-Menü die Genauigkeit auch selbst festlegen, s. unten. Im GRAPH-Menü ist man bei der Wahl der Integrationsgrenzen an die vom Rechner entsprechend dem eingestellten Betrachtungsfenster generierten Gitterpunkte auf dem Display gebunden. Folglich kann es mitunter erforderlich werden, die Parameter Xmin und Xmax des Betrachtungsfensters entsprechend als untere bzw. obere Integrationsgrenze zu wählen, weil diese sonst nicht genau eingestellt werden können, vgl. Beispiel 3.6 unten. Wir erwähnen noch, daß wir bereits bei der Behandlung von Beispiel 2.3 im Abschnitt 2.3 darauf hingewiesen haben, daß weder im TABLE- noch im RECUR-Menü die numerische Integration verfügbar ist.

Nach den Angaben im Handbuch [21] wird die zusammengesetzte Simpsonsche Regel verwendet, die auch im Lehrplan von Leistungskursen enthalten ist, vgl. [20, Abschnitt E8]. Wir gehen daher nicht näher darauf ein. Das Integrationsintervall wird in 2^n gleichabständige Teilintervalle bzw. 2^{n-1} Doppelintervalle zerlegt. Dabei wird $n \in \{1, 2, \ldots, 9\}$ intern festgelegt. Im RUN- und PRGM-Menü kann n aber auch vom Nutzer gewählt und als letzter Parameter beim Aufruf von ∫dx angegeben werden. Da im GRAPH-Menü die numerische Übermittlung von Parametern konzeptionell nicht vorgesehen ist, kann der Anwender hier die Integrationsgenauigkeit nicht beeinflussen. Intern dürfte auch bei der anwenderseitigen Vorgabe von n im RUN- und PRGM-Menü mit einer wachsenden Anzahl von Teilintervallen gearbeitet werden. Das vom Nutzer festgelegte n gibt dann vermutlich das größte zulässige n für die interne Verwendung an.

Die zusammengesetzte Simpsonsche Regel ergibt sich durch Anwendung der Simpsonschen Regel auf jedes der Doppelintervalle. Es bezeichne $S_{(f,a,b)}(n)$ den exakten Wert der zusammengesetzten Simpsonschen Regel bez. des Integranden f, des Integrationsintervalls $[a, b]$ und der durch n festgelegten Anzahl der Teilintervalle mit der Teilintervallbreite $h = (b-a)/2^n$. Ist f auf $[a, b]$ viermal stetig differenzierbar, so strebt der Fehler

$$\int_a^b f(x)\, dx - S_{(f,a,b)}(n)$$

mit $n \to \infty$ gegen Null wie $c_s \cdot h^4 = (b-a)^4 \cdot c_s \cdot 1/16^n$, wobei die Konstante $c_s > 0$ direkt proportional dem Maximum des Betrages der vierten Ableitung des Integranden f auf dem Intervall $[a, b]$ ist. Die zusammengesetzte Simpsonsche Regel ist also unter der genannten Voraussetzung für größere n recht genau. Sie kann auch unter allgemeineren Voraussetzungen an f eingesetzt werden. Das zu berechnende Integral sollte aber wenigstens existieren. Dann wird sich aber unter Umständen die Approximationsgüte verringern.

Beispiel 3.6. $\int\limits_0^{\pi/2} sinx dx = 1$

a) RUN-Menü: Bei interner Genauigkeitssteuerung und Eingabe der oberen Integrationsgrenze unter Verwendung der Tasten (SHIFT) (EXP) (π) erhält man durch den angegebenen Aufruf ein nur auf sechs Dezimalstellen genaues Ergebnis.

```
∫( sin X,0,π ÷ 2
              1.000001
∫( sin X,0,π ÷ 2, 5
                     1
```

Wenn allerdings der die Genauigkeit beeinflussende Parameter n mit den Werten $n \in \{5, 6, 7, 8, 9\}$ angegeben wird, liefert der Rechner das exakte Integral. Man beachte, daß vor Ausführung der Rechnung im SET UP-Menü Bogenmaß (Rad) einzustellen ist.

```
Mode        : Comp
Func Type   : ...
Draw Type   : ...
Derivativ   : ...
Angle       : Rad
Coord       : ...
Grid        : ...
```

b) GRAPH-Menü: Um im GRAPH-Menü die für dieses Integral erforderliche obere Grenze genau genug festlegen zu können, sollte das Betrachtungsfenster entsprechend eingestellt werden.

View Window	
Xmin	: 0
max	: $\pi \div 2$
scale	: 0.5
Ymin	: 0
max	: 1
scale	: 0.1

Nach der Eingabe des Integranden als Graphikfunktion und dessen graphischer Ausgabe auf dem Display, erfolgt vermittels der Tastenfolge

(SHIFT) (F5) (G-Solv) (F6) (F3) ($\int$dx)
(EXE)
(▶) ··· ··· (▶)
(EXE)

der Aufruf der numerischen Integrationssoftware, die zunächst die Festlegung der unteren und der oberen Integrationsgrenzen verlangt.

Ist die obere Grenze fixiert, wird nach dem Hervorheben der dem Integral zugeordneten Fläche das Integral numerisch berechnet und das Resultat 1.000 001 unten rechts auf dem Display ausgegeben. Der hier errechnete Näherungswert stimmt mit dem unter a) bei interner Genauigkeitssteuerung ermittelten Wert überein. Wenn auf eine Anpassung des Betrachtungsfensters bez. seiner Breite verzichtet wird, ist es im allgemeinen nicht möglich, die Integrationsgrenzen präzise vorzugeben, da der Kursor bei der Einstellung der Integrationsgrenzen nur die vom Rechner zur Verfügung gestellten Rasterpunkte $(\xi_i, f(\xi_i))$ abläuft.

Beispiel 3.7. $\int_0^1 sin(1000x)dx = 0.0004376209\ldots$

Zu Testzwecken wird die Funktion $f(x) = sin(1000x)$ mit der relativ kleinen Periodenlänge von $\pi/500$ auf dem Intervall [0,1] integriert, wobei wie im Beispiel 3.6 Bogenmaß eingestellt ist. Im RUN-Menü ergeben sich:

Genauigkeitsparameter n	$S_{(f,0,1)}(n)$	Bemerkungen
intern	0.0005	grobe Näherung
1 , 2 , 3	Ma ERROR	?
4 , 5	- 0.08243	
6 , 7 , 8 , 9	Ma ERROR	?

Für die hier auftretenden Effekte können wir keine stichhaltige Erklärung angeben. Vermutlich erscheint die Ausschrift Ma ERROR, wenn sich ein Abbruchtest mit einer in Abhängigkeit von n intern festgelegten Genauigkeitsschranke nicht erfüllen läßt. Die interne Steuerung erlaubt zumindest die Berechnung einer groben Näherung. Die Einflußnahme des Anwenders auf die Genauigkeit bleibt bei diesem Beispiel ohne Erfolg. Das Beispiel unterstützt den im Handbuch [21, Abschnitt 3-4] formulierten Hinweis, auf die Angabe des Parameters

n beim Aufruf der numerischen Integration zu verzichten.

Im GRAPH-Menü erhält man dieselbe Näherung 0.0005 für das Integral, die auch im RUN-Menü bei interner Genauigkeitssteuerung berechnet worden ist. Hinsichtlich etwaiger Probleme bei der graphischen Darstellung des Integranden möchten wir auf die Ausführungen im Abschnitt 1.3 verweisen.

Beispiel 3.8. $I_1 = \int_0^1 \frac{1}{\sqrt{x}}\,dx = 2\ , \quad I_2 = \int_0^1 \frac{1}{x}\,dx$ existiert nicht

Bei I_1 und I_2 handelt es sich um uneigentliche Integrale. In der Regel können uneigentliche Integrale nur mit speziellen Algorithmen bzw. mit entsprechender Software bearbeitet werden. Auf dem CASIO führt die Berechnung von I_1 und I_2 erwartungsgemäß zu der Fehlermitteilung Ma ERROR auf Grund der Division durch Null bei der Auswertung des Integranden an der unteren Integrationsgrenze innerhalb der Simpsonschen Regel. Man könnte nun auf die Idee kommen, I_1 gewissermaßen über die Definition uneigentlicher Integrale durch $I_1(a) = \int_a^1 \frac{1}{\sqrt{x}}dx$ mit einem kleinem $a > 0$ zu approximieren. Dies ist nicht möglich, wie die in Tabelle 3.1 mit voreingestellter Genauigkeit ermittelten Ergebnisse zeigen. Zum Vergleich wird auch $I_2(a) = \int_a^1 \frac{1}{x}dx$ berechnet. Auf eine Begründung der inakzeptablen Ergebnisse können wir nicht eingehen.

Tabelle 3.1: Testergebnisse zu zwei uneigentlichen Integralen auf dem CASIO

a	10^{-2}	10^{-4}	10^{-6}	10^{-8}	10^{-10}
$I_1(a)$	1.8	2.01	2.6	8.5	67
$I_2(a)$	4.6052	13	660	65 000	6 500 000

Zwei weitere interessante Beispiele findet man in [4].

Auf dem TI ist die Berechnung von $\int_a^b g(x)\,dx$ – vergleichbar mit CASIO – im Basis-Menü oder innerhalb eines Programmes vermittels der Anweisung fnInt($g(x), x, a, b$) bzw. im GRAPH-Menü nach der graphischen Darstellung von $g(x)$ im Untermenü MATH über die „Taste“ $\int f(x)$ möglich, vgl. auch [22, Seiten 3–15,3–17,4–26]. Die Genauigkeit der für das Intergral berechneten Näherung wird durch die Variable tol beeinflußt. Diese kann z. B. über den TOLERANCE-Editor, der mittels (2nd) (CLEAR) (TOLER) erreichbar ist, eingestellt werden. Über den zur numerischen Integration verwendeten Algorithmus wird im Handbuch [22] nichts ausgesagt. Gewisse Rückschlüsse lassen sich aus den folgenden Ergebnissen ziehen: Im Beispiel 3.6 ergab sich der exakte Integralwert für alle gewählten Werte von tol. Für Beispiel 3.7 erhält man bei tol $= 10^{-5}$ das auf sechs Mantissenstellen genaue Ergebnis 4.376 212 299 07E−4. Die erzielte Genauigkeit ist besonders bemerkenswert – auch im Vergleich zu CASIO. Allerdings beträgt die Rechenzeit reichlich zwei Minuten. Für Beispiel 3.8 liefert der TI bei tol $= 10^{-5}$ im Fall I_1 den auf sieben Stellen genauen Wert 1.999 999 464 64 und im Fall I_2 nach langer Rechenzeit die Meldung ERROR 33 TOL NOT MET (Genauigkeit nicht erreichbar). Der TI bricht also nicht wegen Division durch Null bei der Auswertung der Integranden an der unteren Grenze wie der CASIO ab. Für I_1 erhält man sogar einen passablen Näherungswert. Verkleinert man jedoch tol auf 10^{-6}, 10^{-7}, …, so stellt man fest, daß sich die für I_1 berechnete Näherung kaum weiter verbessern läßt. Aus den Ergebnissen kann man folgern: i) Der TI verwendet zur numerischen Integration ein hohe Genauigkeitsansprüche erfüllendes Verfahren. ii) Der TI arbeitet nicht mit der Simpsonschen Regel. Das verwendete Verfahren kommt ohne die Auswertung des Integranden an den Intergrationsgrenzen aus. Daher kann man vermuten, daß auf dem TI Gauß-Quadraturformeln verwendet werden. Auf derartige Formeln können wir hier nicht eingehen, siehe dazu z. B. [15].

Trotz des passablen Resultats für I_1 sollte man auch auf dem TI davon ausgehen, daß die Integrationssoftware nicht speziell zur Berechnung uneigentlicher Integrale ausgelegt ist und daß folglich mit der verfügbaren Software erzielte Ergebnisse bei uneigentlichen Integralen sehr kritisch zu beurteilen sind.

3.4 Minima und Maxima einer Funktion auf einem Intervall

Es sei $f : D = [a, b] \to \mathbb{R}$ eine beliebige Funktion. Wir beziehen uns auf die folgende Definition einer globalen bzw. lokalen Minimumstelle: Der Punkt $x^* \in D$ heißt *globale (absolute) Minimumstelle* von f, falls

$$f(x^*) \leq f(x) \quad \text{für alle} \quad x \in D \tag{3.9}$$

und *lokale (relative) Minimumstelle*, falls ein Intervall U um x^* existiert mit

$$f(x^*) \leq f(x) \quad \text{für alle} \quad x \in U \cap D\,, \tag{3.10}$$

s. z. B. [14]. Die entsprechenden Definitionen für eine Maximumstelle erhält man aus den Definitionen für eine Minimumstelle, wenn man beachtet, daß die Maximumstellen von f die Minimumstellen der Funktion $-f$ sind. Diese Anmerkung hat prinzipielle Bedeutung: Verfügt man über einen Algorithmus bzw. über Software für die Minimierung, so kann man diesen Algorithmus bzw.

diese Software für die Maximierung einsetzen oder umgekehrt. Man braucht nur die Funktion $-f$ zu betrachten. Dieser Sachverhalt wird sicher auch auf den betrachteten Taschenrechnern ausgenutzt. Wir beschränken uns daher bei der weiteren Diskussion auf die Minimierung.

Auf dem CASIO ist die Minimierung im RUN- und PRGM-Menü sowie im GRAPH-Menü unter G-Solv möglich. Im RUN- bzw. im PRGM-Menü erfolgt die Minimierung der Funktion $f(x) = x(x - \pi)^2$ aus Beispiel 3.9 im Intervall $x \in [0, 4.5]$ über die Anweisung FMin(x(x−π)^2, 0, 4.5). Alternativ kann f im GRAPH-Menü nach der graphischen Darstellung im Untermenü G-Solv mittels (F3) (MIN) minimiert werden. Dabei gibt es den folgenden wesentlichen Unterschied: Während im RUN-Menü *eine* globale Minimumstelle von f bestimmt wird, versucht der Algorithmus im GRAPH-Menü *alle* lokalen Minimumstellen aus dem *offenen* Intervall (a, b) zu ermitteln, für die in der Definition (3.10) das Gleichheitszeichen ausgeschlossen ist. Einführungsbeispiele zur Arbeit im RUN- bzw. GRAPH-Menü findet man dazu im Handbuch [21, Abschnitte 3-6 und 9-2]. Diese Einführungsbeispiele sind jedoch leider so gewählt, daß der besprochene prinzipielle Unterschied nicht zum Ausdruck kommt. Auch sonst wird im Handbuch an keiner Stelle auf die unterschiedlichen Vorgehensweisen aufmerksam gemacht.

a) RUN-Menü: Die Bestimmung einer globalen Minimumstelle im RUN-Menü dürfte im Prinzip auf folgender Vorgehensweise basieren. Es wird $f(x_i)$ für $x_i = a + i \cdot h$ $(i = 0, 1, \cdots, N)$ mit $h = (b - a)/N$ berechnet. Dabei ist N eine nicht zu kleine natürliche Zahl. Parallel zur Berechnung der $f(x_i)$ wird eine der kleinsten dieser Zahlen bestimmt, d. h. ein $\underline{x} = (x_i)_{\min}$ mit $f(\underline{x}) = \min\limits_{i=1,\cdots,N} f(x_i)$. Anschließend wird versucht, die Näherung $\underline{x}$ lokal zu verbessern. Dazu wird ein kleines Intervall D_1 um $\underline{x}$ gewählt – evtl. einseitig, falls $\underline{x}$ Randpunkt von $[a, b]$ ist – und eine Näherung $\bar{x}$ für eine globale Minimumstelle von f auf dem kleinen Intervall D_1 ermittelt. Dazu kann dieselbe Prozedur, die für das Ausgangsintervall $D = [a, b]$ beschrieben worden ist, erneut auf D_1 eingesetzt werden. Es kann aber auch ein anderes, vom Aufwand her günstigeres Verfahren angewendet werden, das ausschließlich auf Funktionswertberechnungen und auf dem Vergleich der berechneten Funktionswerte beruht. Derartige Methoden bezeichnet man als direkte oder Such-Verfahren zur Minimierung, s. [6] unter *Verfahren zur Minimierung einer Funktion einer reellen Veränderlichen.* Das Vorgehen wird abgebrochen, „wenn sich $\bar{x}$ gegenüber $\underline{x}$ nicht wesentlich unterscheidet“, anderenfalls wird mit einem gegenüber D_1 kleinen Intervall D_2 um $\bar{x}$ fortgesetzt, usw. Natürlich sind hier wieder mehrere geeignete Abbruchtests vorzusehen. Dazu sei sinngemäß auf die Diskussion des Abbruchtests für das Newtonsche Verfahren im Abschnitt 3.1 hingewiesen. In diese Abbruchtests geht die „Genauigkeitsstufe $n \in \{1, 2, \cdots, 9\}$“ ein, die der Nutzer des CASIO

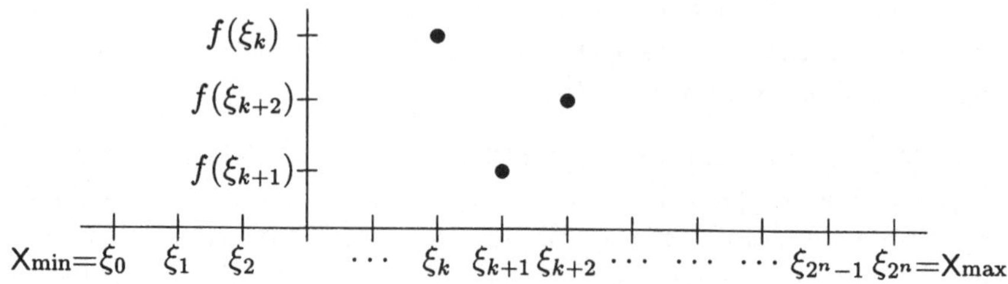

Abbildung 3.3: Illustration von (3.11)

bei der Minimierung bzw. Maximierung im RUN-Menü wählen kann.

b) GRAPH-Menü: Bis auf eine unklare Situation deuten alle von den Verfassern gerechneten Beispiele darauf hin, daß zur Ermittlung der lokalen Minimumstellen im GRAPH-Menü ein Algorithmus vom folgenden Typ verwendet wird. Es wird zunächst das gewünschte Intervall [Xmin, Xmax] $= [a, b]$ im Betrachtungsfenster eingestellt, auf dem die lokalen Minimumstellen bestimmt werden sollen. Zur graphischen Darstellung der zu minimierenden Funktion wird das eingestellte Intervall $[a, b]$, wie auch unter b) im Abschnitt 3.1 bei der Nullstellenbestimmung im GRAPH-Menü beschrieben, diskretisiert. D. h., nach Vorgabe einer natürlichen Zahl N wird das Intervall $[a, b]$ mit der Schrittweite $h =$ (b-a)$/N$ durch die Teilpunkte $\xi_j = a + j \cdot h$ $(j = 0, \cdots, N)$ in Teilintervalle zerlegt. Nun wird von links beginnend das erste Doppelintervall $[\xi_i, \xi_{i+2}]$ gesucht mit der Eigenschaft

$$f(\xi_i) > f(\xi_{i+1}), \quad f(\xi_{i+1}) < f(\xi_{i+2}), \tag{3.11}$$

s. Abbildung 3.3. Man kann sich überlegen, daß dann – sofern f stetig ist und die Gültigkeit von (3.11) bei exakt berechneten Funktionswerten vorausgesetzt – jede globale Minimumstelle x^* von f auf $[\xi_i, \xi_{i+2}]$ im offenen Intervall (ξ_i, ξ_{i+2}) liegt und folglich lokale Minimumstelle von f auf (a, b) ist. Dabei ist die Existenz einer globalen Minimumstelle x^* von f auf $[\xi_i, \xi_{i+2}]$ gesichert. Zur Bestimmung einer globalen Minimumstelle von f auf $[\xi_i, \xi_{i+2}]$ kann der unter a) für das RUN-Menü beschriebene Algorithmus zur Minimierung verwendet werden. Damit ist eine lokale Minimumstelle gefunden. Anschließend sucht man auf der x-Achse weiter rechts vermittels (▶) das nächste Doppelintervall mit der Eigenschaft (3.11).

Natürlich können Beispiele konstruiert werden, für die beide Algorithmen versagen. Es sei noch erwähnt, daß die beschriebenen Algorithmen auch dann durchführbar sind, wenn die Existenz von Minimum- bzw. Maximumstellen nicht gesichert ist. Wir bearbeiten jetzt zwei Beispiele. Drei weitere interessante Beispiele findet man in [4].

Beispiel 3.9. $f(x) = x(x-\pi)^2$

Es sollen von f auf dem Intervall $[0, b]$ für verschiedene $b > 0$ eine globale Minimum- bzw. Maximumstelle und „die" lokalen Minimum- bzw. Maximumstellen ermittelt werden. Eine globale Minimum- bzw. Maximumstelle wird im RUN-Menü und „die" lokalen Minimum- bzw. Maximumstellen werden im GRPH-Menü ermittelt.

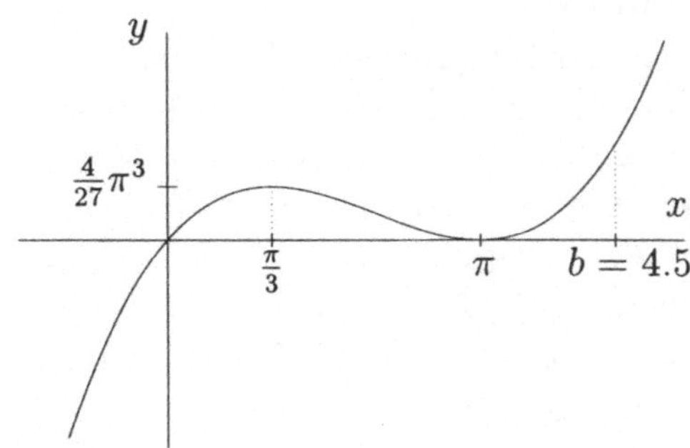

Abbildung 3.4: Graph von $f(x) = x(x-\pi)^2$

a) RUN-Menü: Für $b = 4.5$ zum Beispiel erhält man:

(OPTN) (F4) (CALC) (F6) (F2) (FMax)
(X,Θ,T) (X) (() (X,Θ,T) (X) (−)
(SHIFT) (EXP) (π) ()) (x^2) (^{2})
(,) (0) (,) (4) (·) (5)

(EXE)

FMax(X(X-π)^2, 0, 4.5

Ans
$\begin{matrix} 1 \\ 2 \end{matrix} \begin{bmatrix} 4.5 \\ 8.3037 \end{bmatrix}$

Auf dem Display wird die globale Maximumstelle $x = 4.5$ und darunter der Funktionswert $f(4.5) = 8.3037$ angezeigt. Die Tabelle 3.2 enthält weitere Ergebnisse mit voreingestellter Genauigkeitsstufe: Verwendet man bei der Ma-

Tabelle 3.2: Ergebnisse in RUN-Menü zu Beispiel 3.9

b	$x_{\min}$	$x_{\max}$	Bemerkung
8	0	8	$x_{\min}$ ist die linke der beiden globalen Minimumstellen.
4.5	0	4.5	$x_{\min}$ ist die linke der beiden globalen Minimumstellen.
4	0	1.0472	$x_{\max}$ ist nur auf 4 Stellen genau, da $\pi/3 = 1.047197551$.
1	0	1	

ximierung im Fall $b = 4$ die Genauigkeitstufe $n \in \{6, 7, 8, 9\}$, so ergibt sich $x_{\max} = 1.0471976$, so daß jetzt acht Stellen genau berechnet sind. Bei der Minimierung mit $b = 8$ und $b = 4.5$ wird die linke der beiden globalen Minimumstellen gefunden, weil die davon rechts liegende globale Minimumstelle $x^* = \pi$ nicht genau lokalisiert werden kann und daher der entsprechende Funktionswert positiv ist. Ersetzt man in der Funktionsvorschrift von f die Konstante π durch 3, so wird die rechte globale Minimumstelle $x^* = 3$ gefunden.

b) GRAPH-Menü:
Nach der Eingabe von $f(x) = x(x-\pi)^2$ als Graphikfunktion und der Wahl des abgebildeten Betrachtungsfensters wird der Graph von f gezeichnet. Wenn der Graph von f auf dem Display dargestellt ist, erhält man mittels (SHIFT) (F5) (G-Solv) (F2) (MAX) erwartungsgemäß die lokale Maximumstelle $x = \underline{1.0471975}797 \approx \pi/3$. Die Aufforderung zur weiteren Suche vermittels (▶) verläuft ergebnislos, weil das globale Maximum am Rand vom verwendeten Algorithmus nicht gefunden werden kann. In analoger Weise lassen sich die Ergebnisse bei der Minimumsuche erklären. Mit (SHIFT) (F5) (G-Solv) (F3) (MIN) erhält man die auf 10 Stellen genaue lokale Minimumstelle $x = \underline{3.141592653}5$ mit dem Funktionswert $y = f(x) = 2.0611989\text{E-}24$ als erste lokale Minimumstelle im offenen Intervall (0,4.5) vom linken Randpunkt des Intervalls aus gesehen. Die lokale Minimumstelle Null wird erwartungsgemäß nicht gefunden. Die Probe ist mittels (◀) möglich. Versucht man mittels (▶) eine weitere lokale Minimumstelle zu finden, so wird, wie zu erwarten ist, keine weitere ermittelt. Ersetzt man im Betrachtungsfenster den Wert für Xmax durch 2, d. h., wählt man $b = 2$, so endet die Suche nach lokalen Minimumstellen verständlicherweise mit Not Found.

View Window	
Xmin	: 0
max	: 4.5
scale	: 1
Ymin	: 0
max	: 10
scale	: 1

Beispiel 3.10. $f(x) = e^{-x/10} \cos x, \quad x \in [0, 4\pi]$

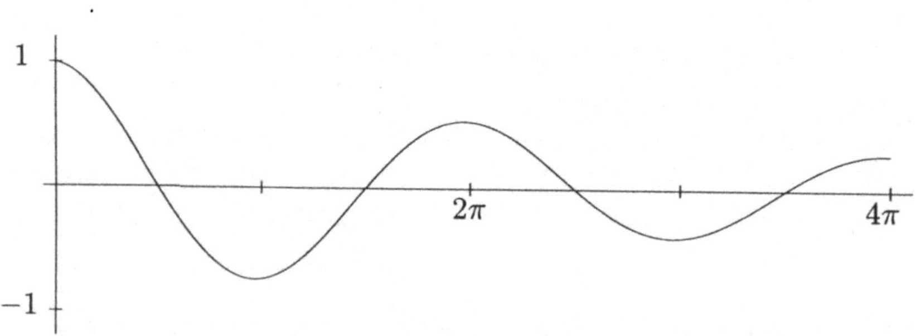

Abbildung 3.5: Graph von $f(x) = e^{-x/10} \cos x, \quad x \in [0, 4\pi]$

Die Gleichung $f'(x) = 0$ hat in $[0, 4\pi]$ die vier Lösungen

$$x_i^* = i \cdot \pi + \arctan(-0.1) = i \cdot \pi + \tan^{-1}(-0.1) \quad (i = 1, 2, 3, 4). \qquad (3.12)$$

Bei x_1^* und x_3^* handelt es sich um lokale Minimumstellen, und x_2^* und x_4^* sind lokale Maximumstellen. Die Lösung x_1^* ist zugleich die globale Minimumstelle. Ferner ist $x^* = 0$ die globale Maximumstelle. Die Auswertung von (3.12) im RUN-Menü gibt z. B. $x_1^* = 3.041\,924\,001$ und $x_4^* = 12.466\,701\,96$. Die lokale Maximumstelle x_4^* liegt fast am rechten Randpunkt $4\pi = 12.566\,370\ldots$.

a) RUN-Menü: Bei der Maximierung bzw. der Minimierung von f erhält man erwartungsgemäß die globale Maximumstelle $x^* = 0$ bzw. die globale Minimumstelle x_1^* auf fünf Stellen genau bei Verwendung der voreingestellten Genauigkeitsstufe und auf sieben Stellen genau bei Vorgabe der höchsten Genauigkeitsstufe $n = 9$.

b) GRAPH-Menü: Bei Verwendung des angegebenen Betrachtungsfensters kann man alle vier lokalen Extremstellen (3.12) mit einer gewissen Genauigkeit ermitteln.

View Window	
Xmin	: 0
max	: 4π
scale	: π
Ymin	: -1
max	: 1
scale	: 0.2

Auf dem TI ist die Minimierung einer Funktion $f(x)$ auf dem Intervall $[a, b]$ – zunächst vergleichbar mit dem CASIO – im Basis-Menü oder innerhalb eines Programmes vermittels der Anweisung fmin($f(x), x, a, b$) bzw. im GRAPH-Menü nach der graphischen Darstellung von $f(x)$ im Untermenü MATH über die „Taste“ FMIN möglich. Die Maximierung erfolgt analog, s. auch [22, Seiten 3–16,4–25,4–27]. Bei beiden Varianten zur Minimierung wird – jetzt im Unterschied zum CASIO – derselbe Algorithmus verwendet und damit dieselbe Minimumstelle ermittelt. Der TI bestimmt *eine* lokale Minimumstelle aus dem offenen Intervall (a, b). Der verwendete Algorithmus dürfte ähnlich dem auf CASIO im GRAPH-Menü vorhandenen Minimierungsverfahren arbeiten, wobei auf dem TI aber nur eine lokale Minimumstelle im Intervall (a, b) berechnet wird. Gewisse Unterschiede zeigen sich auch in der Nähe der Randpunkte a und b.

Bei Beispiel 3.9 mit $[a, b] = [0, b]$ erhält man auf dem TI bei Rechnung sowohl im Basis-Menü als auch im GRAPH-Menü die in Tabelle 3.3 angegebenen Ergebnisse, wobei die Genauigkeitsschranke tol = 1.E−5 Verwendung fand. Im Fall $b = 8$ ist die ermittelte Maximumstelle eine Näherung für die lokale und hier auch globale Maximumstelle $x = 8$. Für $b = 1$ sind jeweils Näherungen für die lokale und gleichzeitig globale Minimum- bzw. Maximumstelle $x = 0$ bzw.

Tabelle 3.3: Ergebnisse des TI zu Beispiel 3.9

b	Minimumstelle	Maximumstelle
8	3.141 593 459 46	7.999 993 042 58
4.5	3.141 595 657 89	1.047 200 663 38
4	3.141 594 788 21	1.047 195 943 6
1	5.960 860 986 55E-6	0.999 994 039 139

$x = 1$ berechnet worden. Beim Beispiel 3.10 liefert der TI sowohl im Basis-Menü als auch im GRAPH-Menü die lokale Minimumstelle x_3^* bzw. die lokale Maximumstelle x_2^*.

Insgesamt gesehen ist die Minimierung/Maximierung auf dem CASIO etwas leistungsfähiger im Vergleich zum TI. Der TI orientiert sich mehr an der klassisch analytischen Behandlung von Extremwertaufgaben im Mathematikunterricht. Die Bestimmung einer *globalen* Minimum- bzw. Maximumstelle von f auf $[a, b]$ ist auf dem TI ohne zusätzliche Überlegungen im allgemeinen nicht möglich.

3.5 Lösung linearer Gleichungssysteme, Inverse und Determinante einer Matrix

Wir betrachten ein lineares Gleichungssystem der Form

$$\begin{array}{rcl} a_{11}\,x_1 + \ldots + a_{1n}\,x_n &=& b_1 \\ \vdots && \vdots \\ a_{n1}\,x_1 + \cdots + a_{nn}\,x_n &=& b_n \end{array} \tag{3.13}$$

aus n Gleichungen für die n zu bestimmenden Unbekannten $x_1, x_2, \ldots, x_n$. Dabei sind die n^2 Koeffizienten a_{ij}, $i = 1, \ldots, n$, $j = 1, \ldots, n$, und die n Konstanten $b_1, b_2, \ldots, b_n$ der rechten Seite von (3.13) wertmäßig gegeben. Hinsichtlich der Lösbarkeit von (3.13) sind drei Fälle möglich:

- **(i)** Das System (3.13) ist eindeutig lösbar, d. h., durch (3.13) sind die Unbekannten $x_1, x_2, \ldots, x_n$ eindeutig bestimmt.
- **(ii)** Das System (3.13) ist mehrdeutig lösbar, genauer, es gibt unendlich viele Lösungen von (3.13).
- **(iii)** Das System (3.13) ist unlösbar, d. h., die Gleichungen von (3.13) sind widersprüchlich.

Für $n = 1, n = 2$ oder $n = 3$ ist eine anschauliche Interpretation dieser Aussage möglich, s. auch [13]. Wenn beispielsweise $n = 2$ ist, können die beiden Gleichungen des Systems (3.13) geometrisch als Geraden in der Euklidischen x_1-x_2-Ebene interpretiert werden. Dann bedeuten:

(i) Beide Geraden schneiden sich genau in einem Punkt.
(ii) Die beiden Gleichungen beschreiben ein und dieselbe Gerade, die damit die Lösungsmenge von (3.13) beschreibt, d. h., jeder Punkt dieser Geraden erfüllt (3.13).
(iii) Die beiden Geraden verlaufen parallel.

Die auf den betrachteten Taschenrechnern eingesetzten Algorithmen zur Lösung von (3.13) entscheiden, ob ein konkretes System (3.13) eindeutig gelöst werden kann oder nicht. Ist das System eindeutig lösbar, wird die Lösung $x_1, x_2, \ldots, x_n$ ermittelt. Dabei ist zu beachten, daß der Rechner mit t-stelligen Gleitpunktzahlen arbeitet, vgl. A1 im Abschnitt 2.1. Folglich kann aufgrund der im Kapitel 2 erörterten Probleme die Lösbarkeitsentscheidung und die ggf. auf dem Display ausgegebene Lösung mehr oder weniger verfälscht sein. Ist das System mehrdeutig lösbar, so lassen sich die Lösungen auf den Rechnern mit der verfügbaren Software nicht bestimmen. Ebenso können lineare Gleichungssysteme, bei denen die Anzahl der Gleichungen größer oder kleiner als die Zahl der Unbekannten ist, nicht bearbeitet werden. Die Anzahl n der Gleichungen und damit der Unbekannten in (3.13) ist rechnerspezifisch begrenzt. Auf CASIO CFX-9850G darf n nicht größer als 6 sein. Dagegen kann n auf TI-85 theoretisch Werte bis 30 annehmen.

Neben der Bearbeitung von linearen Gleichungssystemen kann mit Hilfe der betrachteten Rechner entschieden werden, ob die Inverse einer Matrix

$$A = \begin{bmatrix} a_{11} & \ldots & a_{1n} \\ \vdots & & \vdots \\ a_{n1} & \ldots & a_{nn} \end{bmatrix}, \tag{3.14}$$

die beispielsweise aus den Koeffizienten a_{ij} von (3.13) gebildet werden kann, existiert oder nicht. Gegebenenfalls wird die Inverse explizit ermittelt. Außerdem kann die Determinante einer Matrix (3.14) berechnet werden. Eine kurze Einführung zu Matrizen und Determinanten geben wir am Anfang des folgenden Unterabschnittes. Auf den betrachteten Rechnern kann n im Falle einer Matrix (3.14) theoretisch maximal so groß gewählt werden, wie es der verfügbare Speicherplatz erlaubt. Dies gilt sinngemäß auch für die Wahl der Zeilenzahl m und der Spaltenzahl n einer allgemeinen Matrix (3.15), bei der $m \neq n$ zulässig ist. Da jedoch pro Matrixelement a_{ij} zehn Byte Speicherplatz erforderlich sind, ergibt sich z. B. im Fall $m = n = 50$ ein Speicherbedarf von $50 \cdot 50 \cdot 10$ Byte $= 25000$ Byte bzw. $25000/1024$ KByte ≈ 24.4 KByte. Natürlich sind solche großen Dimensionen nicht nur wegen des verfügbaren Speichers, sondern vor allem aus Sicht der erforderlichen Rechenzeiten auf den derzeit verfügbaren Taschenrechnern für die Bearbeitung der oben genannten Aufgaben fragwürdig.

Wegen des Umfanges dieses Abschnittes betrachten wir die Algorithmen zur Lösung von (3.13), zur Inversion der Matrix (3.14) und zur Berechnung der Determinante von (3.14) im folgenden Unterabschnitt 3.5.1 unter der Voraussetzung exakter Zahlenrechnung und erst danach im Unterabschnitt 3.5.2 unter dem praktischen Gesichtspunkt t-stelliger Gleitpunktrechnung. Eine zentrale Rolle für die Lösung von (3.13), die Matrixinversion und die Berechnung einer Determinante spielt der Gaußsche Algorithmus. Dieser Algorithmus wird in Unterabschnitt 3.5.1 bereits so formuliert, daß er anschließend im Unterabschnitt 3.5.2 leicht in eine für t-stellige Gleitpunktrechnung geeignete Form gebracht werden kann. Natürlich sind bei exakter Rechnung auch andere, analytisch äquivalente Varianten des Gaußschen Algorithmus möglich.

3.5.1 Algorithmen für exakte Rechnung

Einführung zu Matrizen und Determinanten

Unter der (reellen) (m, n)-*Matrix* A mit den Elementen $a_{ij} \in \mathbb{R}$, $i = 1, \ldots, m$, $j = 1, \ldots, n$, versteht man das Zahlenschema oder das Zahlenfeld

$$A = A_{(m,n)} = \begin{bmatrix} a_{11} & \ldots & a_{1n} \\ \vdots & & \vdots \\ a_{m1} & \ldots & a_{mn} \end{bmatrix} . \tag{3.15}$$

Die (m, n)-Matrix A hat m Zeilen und n Spalten. Matrizen mit einer Spalte können weitgehend mit (Spalten-) Vektoren identifiziert werden und Matrizen mit einer Zeile und einer Spalte mit Zahlen. Man definiert für zwei (m, n)-Matrizen die Gleichheit und die Addition bzw. Subtraktion elementweise. Es gilt also z. B. $A_{(m,n)} = B_{(m,n)}$ genau dann, wenn $a_{ij} = b_{ij}$ für alle $i = 1, \ldots, m$ und alle $j = 1, \ldots, n$. Das Produkt aus einer Zahl und einer Matrix wird ebenfalls elementweise erklärt. Zwei Matrizen $A_{(m,n)}$ und $B_{(n,\ell)}$ lassen sich in der angegebenen Reihenfolge miteinander multiplizieren, wenn – wie angegeben – die Verkettungsbedingung erfüllt ist, d. h., die Spaltenzahl des ersten Faktors A und die Zeilenzahl des zweiten Faktors B sind gleich. Dabei ist

$C_{(m,\ell)} = A_{(m,n)} \cdot B_{(n,\ell)}$ eine (m,ℓ)-Matrix mit den Elementen $c_{ij} = \sum_{k=1}^{n} a_{ik} \cdot b_{kj}$ $(i = 1, \ldots, m;\ j = 1, \ldots, \ell)$. Anders ausgedrückt, man erhält das Element c_{ij}, wenn man das Skalarprodukt des i-ten Zeilenvektors von A mit dem j-ten Spaltenvektor von B bildet. Das Produkt einer Zahl und einer Matrix ist also im allgemeinen kein Matrixprodukt. In diesem Fall kann daher die Zahl nicht mit einer Matrix identifiziert werden. Für die Summe und Differenz zweier Matrizen, für das Produkt aus einer Zahl und einer Matrix und für das Matrixprodukt gelten die üblichen Rechenregeln. Beim Matrixprodukt ist im allgemeinen $A \cdot B \neq B \cdot A$, d. h., das kommutative Gesetz der Multiplikation gilt nicht. Dabei ist zu beachten, daß die Matrixprodukte $A \cdot B$ und $B \cdot A$ auf Grund der Verknüpfungsbedingung nur existieren, wenn A und B quadratisches Format haben, d. h. wenn $m = n = \ell$ gilt.

Führt man für das lineare Gleichungssystem (3.13) die Koeffizientenmatrix (3.14), den Vektor $b = \begin{pmatrix} b_1 \\ \vdots \\ b_n \end{pmatrix}$ der rechten Seiten und den Vektor $x = \begin{pmatrix} x_1 \\ \vdots \\ x_n \end{pmatrix}$ der Unbekannten ein, so kann das System (3.13) in der Matrixform

$$Ax = b \tag{3.16}$$

geschrieben werden. Die eindeutige Lösbarkeit von (3.16) kann an Hand von Eigenschaften der Koeffizientenmatrix A entschieden werden.

Für eine (n,n)-Matrix A existiert genau dann die *inverse Matrix* A^{-1}, wenn das entsprechende lineare Gleichungssystem (3.16) mit einer festen, aber beliebig gewählten rechten Seite b eindeutig lösbar ist. Existiert A^{-1}, so heißt A regulär, sonst singulär. Für eine reguläre Matrix A ist

$$A^{-1} = X = \begin{bmatrix} x_{11} & \ldots & x_{1n} \\ \vdots & & \vdots \\ x_{n1} & \ldots & x_{nn} \end{bmatrix}$$

festgelegt als eindeutige Lösung der Matrixgleichung

$$A \cdot X = E\,, \tag{3.17}$$

wobei

$$E = \begin{bmatrix} 1 & \ldots & 0 \\ \vdots & \ddots & \vdots \\ 0 & \ldots & 1 \end{bmatrix}$$

die (n,n)-*Einheitsmatrix* mit $e_{ii}=1$ und $e_{ij}=0$ für $i\neq j$ $(i,j=1,\ldots,n)$ ist. Die Matrixgleichung (3.17) ist den n linearen Gleichungssystemen

$$A\cdot\begin{bmatrix}x_{1j}\\ \vdots\\ x_{nj}\end{bmatrix}=e^j\,,\qquad j=1,\ldots,n\,,\tag{3.18}$$

mit derselben Koeffizientenmatrix A äquivalent. Dabei ist e^j der j-te Spaltenvektor der Einheitsmatrix E bzw. der j-te Koordinateneinheitsvektor.

Die *Determinante* der (n,n)-Matrix A, d. h.

$$\det(A)=\begin{vmatrix}a_{11} & \ldots & a_{1n}\\ \vdots & & \vdots\\ a_{n1} & \ldots & a_{nn}\end{vmatrix}\,,$$

kann man durch

$$\det(A)=\sum(-1)^{V(\nu_1\,\nu_2\ldots\nu_n)}a_{\nu_1 1}\,a_{\nu_2 2}\ldots a_{\nu_n n}\tag{3.19}$$

definieren. Dabei ist $\nu_1\,\nu_2\ldots\nu_n$ eine Permutation der Zeilenindizes $1\ 2\ \ldots\ n$ von A und $V(\nu_1\,\nu_2\ldots\nu_n)$ die Anzahl der Vertauschungen, welche in der Permutation $\nu_1\,\nu_2\ldots\nu_n$ im Vergleich zu $1\ 2\ \ldots\ n$ vorkommen. Die Summation erfolgt über alle möglichen Permutationen der Zahlen $1\ 2\ \ldots\ n$, so daß es $n!$ Summanden in (3.19) gibt. Als Übungsaufgabe gebe man in den Fällen $n=2$ und $n=3$ alle Summanden in (3.19) an. Ferner vergleiche man im Fall $n=3$ das Ergebnis mit anderen bekannten Definitionen für Determinanten dritten Grades, d. h. mit der Entwicklung nach Unterdeterminanten oder der Sarrusschen Regel. Es sei erwähnt, daß sich die Sarrussche Regel nicht für beliebige Ordnung n verallgemeinern läßt. Dagegen kann eine Determinante beliebiger Ordnung n nach Unterdeterminanten entwickelt werden. Wenn beispielsweise nach der ersten Zeile entwickelt wird, gilt die Darstellung

$$\det(A)=\sum_{i=1}^{n}(-1)^{i+1}\,a_{1i}\cdot\det(A_{1i})\,.\tag{3.20}$$

Dabei bezeichnet A_{1i} die Matrix, die aus A durch Streichen der ersten Zeile und der i-ten Spalte entsteht. Wir geben jetzt die drei Eigenschaften von Determinanten an, die für die Berechnung einer Determinante mit dem Gaußschen Algorithmus entscheidend sind: Die Matrix B entstehe aus der (n,n)-Matrix A durch Addition eines Vielfachen einer Zeile zu einer anderen Zeile. Dann gilt

$\det(B) = \det(A)$. Entsteht B aus A durch Vertauschen von zwei Zeilen, so gilt $\det(B) = -\det(A)$. Ist die (n,n)-Matrix A z. B. eine obere Dreiecksmatrix, d. h. $a_{ij} = 0$ für alle $i > j$, dann gilt

$$\det(A) = a_{11} \cdot a_{22} \cdot \dots \cdot a_{nn} = \prod_{i=1}^{n} a_{ii} \,.$$

Algorithmen

Algorithmus 3.3. Gaußscher Algorithmus für exakte Rechnung

Im Zuge des Verfahrens kann festgestellt werden, ob (3.13) *eindeutig* lösbar ist. Wenn (3.13) genau eine Lösung hat, wird diese berechnet.

Das Prinzip des Gaußschen Algorithmus dürfte weitgehend bekannt sein. Aus Darstellungsgründen schreiben wir das System (3.13) in Form der Tabelle:

$$\begin{array}{cccc|c} x_1 & x_2 & \cdots & x_n & 1 \\ \hline a_{11} & a_{12} & \cdots & a_{1n} & b_1 \\ a_{21} & a_{22} & \cdots & a_{2n} & b_2 \\ \vdots & & & & \vdots \\ a_{n1} & a_{n2} & \cdots & a_{nn} & b_n \end{array} \tag{3.21}$$

I. Vorwärtsrechnung bzw. Gaußsche Elimination für A und b

Schritt 1:

a) Besteht die erste Spalte der Matrix A nur aus Null-Elementen, d. h. $a_{i1} = 0$ für $i = 1, \dots, n$, so ist (3.13) nicht eindeutig lösbar. Abbruch des Verfahrens, A singulär!

Kommentar: System (3.13) kann nicht eindeutig lösbar sein, weil x_1 beliebig gewählt werden kann.

b) Wähle in der ersten Spalte von A ein Element $a_{r1} \neq 0$ als sogenanntes *Pivot* oder Bezugselement. Sofern $r \neq 1$, vertausche die erste und die r-te Gleichung in (3.13), d. h. tausche in (3.21) die erste und die r-te Zeile:

$$\begin{array}{cccc|c} x_1 & x_2 & \cdots & x_n & 1 \\ \hline u_{11} & u_{12} & \cdots & u_{1n} & c_1 \\ \overline{a}_{21} & \overline{a}_{22} & \cdots & \overline{a}_{2n} & \overline{b}_2 \\ \vdots & & & & \vdots \\ \overline{a}_{n1} & \overline{a}_{n2} & \cdots & \overline{a}_{nn} & \overline{b}_n \end{array} \tag{3.22}$$

Damit ist $u_{11} = a_{r1} \neq 0$.

Bemerkung: Da sich die erste Zeile, die sogenannte Pivotzeile $a_{r1}, \ldots, a_{rn}, b_r$, im folgenden nicht mehr verändert, wurde sie mit $u_{11}, \ldots, u_{1n}, c_1$ bezeichnet.

c) Berechne für $i = 2, \ldots, n$ die Multiplikatoren

$$\ell_{i1} := \overline{a}_{i1}/u_{11}\,,$$

und subtrahiere das ℓ_{i1}-fache der Zeile 1 von Zeile i in (3.22). Als Ergebnis erhält man das folgende lineare Gleichungssystem:

$$\begin{array}{cccc|c} x_1 & x_2 & \cdots & x_n & 1 \\ \hline u_{11} & u_{12} & \cdots & u_{1n} & c_1 \\ 0 & a_{22}^{(1)} & \cdots & a_{2n}^{(1)} & b_2^{(1)} \\ \vdots & \vdots & & & \vdots \\ 0 & a_{n2}^{(1)} & \cdots & a_{nn}^{(1)} & b_n^{(1)} \end{array} \tag{3.23}$$

Im System (3.23), das dieselben Lösungen wie das Ausgangssystem (3.21) besitzt, ist die Variable x_1 aus $n-1$ Gleichungen eliminiert worden.

Schritt 2: Wende auf das verkürzte System

$$\begin{array}{ccc|c} x_2 & \cdots & x_n & 1 \\ \hline a_{22}^{(1)} & \cdots & a_{2n}^{(1)} & b_2^{(1)} \\ \vdots & & & \vdots \\ a_{n2}^{(1)} & \cdots & a_{nn}^{(1)} & b_n^{(1)} \end{array} \tag{3.24}$$

den Schritt 1 an, usw. usf.

Kommentar: Ist in (3.24) die erste Spalte Null, d. h. $a_{i2}^{(1)} = 0$ für $i = 2, \ldots, n$, so ist das Ausgangssystem (3.21) nicht eindeutig lösbar, weil x_2 in (3.24) beliebig gewählt werden kann und x_1 wegen $u_{11} \neq 0$ so gewählt werden kann, daß auch die erste Gleichung in (3.23) erfüllt ist.

Die bisher beschriebene Vorwärtsrechnung endet entweder mit „System (3.21) nicht eindeutig lösbar" oder nach $(n-1)$-maliger Anwendung von Schritt 1 auf die jeweiligen verkürzten Systeme mit

$$\begin{array}{c|c} x_n & 1 \\ \hline a_{nn}^{(n-1)} & b_n^{(n-1)} \end{array}\ .$$

Schritt n: Wenn $a_{nn}^{(n-1)} = 0$, so ist (3.13) nicht eindeutig lösbar. Abbruch des Verfahrens, A singulär!

Kommentar: Wenn $u_{nn} := a_{nn}^{(n-1)} \neq 0$ gilt, erhält man das folgende gestaffelte Gleichungssystem:

$$\begin{array}{cccccc|c} x_1 & x_2 & \cdots & x_{n-1} & x_n & & 1 \\ \hline u_{11} & u_{12} & \cdots & u_{1,n-1} & u_{1n} & & c_1 \\ 0 & u_{22} & \cdots & u_{2,n-1} & u_{2n} & & c_2 \\ 0 & 0 & \ddots & \vdots & \vdots & & \vdots \\ \vdots & \vdots & \ddots & u_{n-1,n-1} & u_{n-1,n} & & c_{n-1} \\ 0 & 0 & \cdots & 0 & u_{nn} & & c_n \end{array} \tag{3.25}$$

Dabei sind alle $u_{ii} \neq 0$, $i = 1, \ldots, n$, so daß (3.25) eindeutig lösbar ist. Damit ist auch (3.13) eindeutig lösbar, und (3.25) sowie (3.13) besitzen dieselbe Lösung.

II. Rückrechnung

Bestimme die Lösung von (3.25) durch die bekannte Rückrechnung, d. h., beginnend mit der letzten Zeile werden $x_n, x_{n-1}, \ldots, x_1$ nacheinander ermittelt.

Beispiel 3.11. Beispiel zu Algorithmus 3.3

$$\begin{array}{rcrcrcrcr} x_1 & + & x_2 & + & 2x_3 & + & x_4 & = & 1 \\ x_1 & + & x_2 & + & 2x_3 & + & 2x_4 & = & 0 \\ -3x_1 & - & 2x_2 & - & x_3 & - & x_4 & = & -1 \\ 2x_1 & + & 3x_2 & + & 8x_3 & + & 2x_4 & = & 2 \end{array} \tag{3.26}$$

Vorwärtsrechnung:
Schritt 1:
a) Die erste Spalte enthält Elemente ungleich Null.
b) Wir wählen $a_{11} = 1$ als Pivot.
c)

p	x_1	x_2	x_3	x_4	1	ℓ_{i1}
1	$\boxed{1}$	1	2	1	1	
2	1	1	2	2	0	1
3	−3	−2	−1	−1	−1	−3
4	2	3	8	2	2	2

p	x_1	x_2	x_3	x_4	1
1	1	1	2	1	1
2	0	0	0	1	−1
3	0	1	5	2	2
4	0	1	4	0	0

Die Spalte p gibt die Reihenfolge der Zeilen bezogen auf das Ausgangssystem (3.26) an.

Schritt 2 entspricht dem Schritt 1 für das im letzten Schema gekennzeichnete verkürzte System:
a) Die erste Spalte enthält Elemente ungleich Null.

b), c) Wir wählen im verkürzten Schema das zweite Element in der ersten Spalte als Pivot, tauschen die zweite Zeile mit der ersten bzw. bezogen auf das Gesamtsystem die dritte Zeile mit der zweiten und führen dann Teilschritt c) für das verkürzte Schema aus. Dabei geben wir der Übersichtlichkeit halber wieder das Gesamtsystem an, d.h., wir notieren auch die erste Zeile und die erste Spalte des Gesamtsystems wieder im neuen Schema, obwohl diese nach dem Schritt 1 nicht mehr verändert werden.

p	x_1	x_2	x_3	x_4	1	ℓ_{i2}
1	1	1	2	1	1	
3	0	$\boxed{1}$	5	2	2	
2	0	0	0	1	−1	0
4	0	1	4	0	0	1

p	x_1	x_2	x_3	x_4	1
1	1	1	2	1	1
3	0	1	5	2	2
2	0	0	0	1	−1
4	0	0	−1	−2	−2

Schritt 3 entspricht Schritt 1 für das im letzten Schema gekennzeichnete verkürzte Schema:

a) Die erste Spalte enthält ein Element ungleich Null.

b) Als Pivot kommt nur das Element -1 in der ersten Spalte des verkürzten Schemas in Betracht. Nach dem Tausch der, bezogen auf das Gesamtsystem, vierten mit der dritten Zeile erhalten wir sofort das Endschema:

p	x_1	x_2	x_3	x_4	1	ℓ_{i3}
1	1	1	2	1	1	
3	0	1	5	2	2	
4	0	0	$\boxed{-1}$	−2	−2	
2	0	0	0	1	−1	0

p	x_1	x_2	x_3	x_4	1
1	1	1	2	1	1
3	0	1	5	2	2
4	0	0	−1	−2	−2
2	0	0	0	1	−1

Die Ausführung von Teilschritt c) entfällt hier wegen $\ell_{43} = 0$.

Schritt 4 beschränkt sich auf die Prüfung des Endschemas. Wegen $a_{44}^{(3)} = 1 \neq 0$ ist (3.26) eindeutig lösbar.

Als Ergebnis der Vorwärtselimination ergibt sich: Das lineare Gleichungssystem (3.26) ist eindeutig lösbar. Die Lösung ergibt sich aus dem gestaffelten Gleichungssystem

$$\begin{array}{rcrcrcrcr} x_1 & + & x_2 & + & 2x_3 & + & x_4 & = & 1 \\ & & x_2 & + & 5x_3 & + & 2x_4 & = & 2 \\ & & & & -x_3 & - & 2x_4 & = & -2 \\ & & & & & & x_4 & = & -1\ . \end{array} \tag{3.27}$$

Rückrechnung: Wegen der letzten Zeile von (3.27) ist $x_4 = -1$. Damit folgt aus der vorletzten Zeile $x_3 = 4$. Weiter erhält man dann aus der zweiten Zeile

$x_2 = -16$ und schließlich aus der ersten Zeile $x_1 = 10$. Also hat das System (3.26) die eindeutige Lösung

$$x_1 = 10, \quad x_2 = -16, \quad x_3 = 4, \quad x_4 = -1 \ .$$

Bemerkungen 3.1.

1. Nach dem jeweiligen Zeilentausch während der Vorwärtsrechnung spielt die Reihenfolge der Zeilen keine Rolle mehr. Die Spalte p hätte man also nicht mitführen müssen. Dies gilt sinngemäß auch für die Eliminationskoeffizienten ℓ_{ij}. Nach der Verwendung im jeweiligen Teilschritt c) werden sie hier nicht mehr benötigt.

2. Mit der Vorwärtsrechnung von Algorithmus 3.3 wird bei Außerachtlassen der rechten Seite b des Gleichungssystems zugleich eine sogenannte *LU-Zerlegung* (mitunter auch LR-Zerlegung bzw. LU-Faktorisierung oder Dreieckszerlegung) der Koeffizientenmatrix A des Gleichungssystems (3.16) erzeugt. Genauer gesagt: Algorithmus 3.3 erzeugt eine LU-Zerlegung von A, wenn (3.16) eindeutig lösbar bzw. wenn die Koeffizientenmatrix A regulär ist. Es sei hier angemerkt, daß LU-Zerlegungen auch für singuläre Matrizen A existieren. Auf dem TI gehört eine LU-Zerlegung zur Standardsoftware, siehe unten. Auf der LU-Zerlegung basiert das sogenannte LU-Verfahren zur Lösung linearer Gleichungssysteme. Dieses Verfahren ist eine Variante des Gaußschen Algorithmus, das in gewissen Situationen dem klassischen Gaußschen Algorithmus vorzuziehen ist. Wir verweisen hier auf die Literatur, s. z. B. [3], [15].

   Wir erläutern die LU-Zerlegung an Hand von Beispiel 3.11. Dazu betrachten wir die Vorwärtsrechnung, wobei die Spalte der rechten Seiten b_i nicht mitgeführt wird. Jetzt ist aber die Reihenfolge der Zeilen und der zugehörigen Eliminationskoeffizienten zu berücksichtigen. Es sei U die obere *Dreiecksmatrix*, die dem letzten Schema der Vorwärtsrechnung entspricht. Ferner sei L eine untere (n, n)-Dreiecksmatrix mit den Elementen ℓ_{ij}. Dabei gilt $\ell_{ij} = 0$ für $i < j$ und $\ell_{ii} = 1, \ i, j = 1, \ldots, n$. Für $i > j$ ergeben sich die Matrixelemente ℓ_{ij} aus den in den jeweiligen Teilschritten c) der Vorwärtsrechnung ermittelten Eliminationskoeffizienten ℓ_{ij}, wobei allerdings nachträglich Zeilenvertauschungen zu berücksichtigen sind. Die richtige Reihenfolge der ℓ_{ij} für $i > j$ ergibt sich automatisch, wenn man die Spalten (ℓ_{i1}), (ℓ_{i2}), (ℓ_{i3}) bis zum Ende der Vorwärtsrechnung mitführt und bei Zeilenvertauschungen auch diese Spalten einbezieht. Damit sind

$$L = \begin{bmatrix} 1 & 0 & 0 & 0 \\ -3 & 1 & 0 & 0 \\ 2 & 1 & 1 & 0 \\ 1 & 0 & 0 & 1 \end{bmatrix} \quad \text{und} \quad U = \begin{bmatrix} 1 & 1 & 2 & 1 \\ 0 & 1 & 5 & 2 \\ 0 & 0 & -1 & -2 \\ 0 & 0 & 0 & 1 \end{bmatrix} .$$

Ferner sei $\tilde{A}$ die Matrix, die aus der Koeffizientenmatrix A von (3.26) durch Vertauschung der Zeilen entsprechend der in der Spalte p des letzten Schemas der Vorwärtsrechnung festgehaltenen Reihenfolge der Pivotzeilen entsteht. Dann gilt

$$\tilde{A} = L \cdot U , \tag{3.28}$$

und $L \cdot U$ ist eine LU-Zerlegung der Koeffizientenmatrix A. Die LU-Zerlegung einer Matrix ist im allgemeinen nicht eindeutig. Wählt man im betrachteten Beispiel andere Pivots, so ändert sich die LU-Zerlegung (3.28). Wir erwähnen noch, daß sich $\tilde{A}$ auch in der Form

$$\tilde{A} = \begin{bmatrix} 1 & 1 & 2 & 1 \\ -3 & -2 & -1 & -1 \\ 2 & 3 & 8 & 2 \\ 1 & 1 & 2 & 2 \end{bmatrix} =$$

$$= P \cdot A = \begin{bmatrix} 1 & 0 & 0 & 0 \\ 0 & 0 & 1 & 0 \\ 0 & 0 & 0 & 1 \\ 0 & 1 & 0 & 0 \end{bmatrix} \cdot \begin{bmatrix} 1 & 1 & 2 & 1 \\ 1 & 1 & 2 & 2 \\ -3 & -2 & -1 & -1 \\ 2 & 3 & 8 & 2 \end{bmatrix}$$

mit der angegebenen Permutationsmatrix P darstellen läßt. Für die praktische Rechnung besitzt diese Darstellung jedoch keinerlei Bedeutung. Die Kenntnis von A und der Spalte p am Ende der Vorwärtsrechnung genügen zur Beschreibung von $\tilde{A}$.

Ferner weisen wir darauf hin, daß nach der oben angegebenen Definition der Matrix L alle Hauptdiagonalelemente gleich Eins sind. Man kann die LU-Zerlegung von A auch so durchführen, daß die Einsen auf der Hauptdiagonale der oberen Dreiecksmatrix und nicht auf der Hauptdiagonale der unteren Dreiecksmatrix stehen. Dazu führen wir die untere Dreiecksmatrix $\hat{L}$, die aus L durch Multiplikation der j-ten Spalte mit dem j-ten Hauptdiagonalelement u_{jj} von U entsteht, ein, d. h. $\hat{l}_{ij} = l_{ij} \cdot u_{jj}$. Weiter sei $\hat{U}$ die obere Dreiecksmatrix, die aus U durch Division der i-ten Zeile durch u_{ii} hervorgeht, d. h. $\hat{u}_{ij} = u_{ij}/u_{ii}$. Die Matrix $\hat{U}$ hat damit Einsen in der Hauptdiagonalen, und es gilt

$$L \cdot U = \hat{L} \cdot \hat{U} .$$

Diese Variante ist auf den Taschenrechnern TI-85, TI-86, ... realisiert, d. h., die Dreiecksfaktoren $\hat{L}$ und $\hat{U}$ werden auf Wunsch explizit im Rahmen der Gleitpunktrechnung berechnet und für die weitere Verwendung bereitgestellt. Für Beispiel 3.11 erhält man demnach

$$\hat{L} = \begin{bmatrix} 1 & 0 & 0 & 0 \\ -3 & 1 & 0 & 0 \\ 2 & 1 & -1 & 0 \\ 1 & 0 & 0 & 1 \end{bmatrix} \quad \text{und} \quad \hat{U} = \begin{bmatrix} 1 & 1 & 2 & 1 \\ 0 & 1 & 5 & 2 \\ 0 & 0 & 1 & 2 \\ 0 & 0 & 0 & 1 \end{bmatrix} .$$

3. Nach Abarbeitung der Vorwärtsrechnung kann man die Determinante der Koeffizientenmatrix A leicht berechnen. Bei ausschließlicher Berechnung der Determinante von A wird keine Konstantenspalte b benötigt. Auf Grund der Eigenschaften von Determinanten bleibt der Wert der Determinante beim Übergang vom ersten zum zweiten Schema erhalten, siehe Unterabschnitt *Einführung zu Matrizen und Determinanten.* Beim Übergang vom zweiten zum dritten Schema ändert sich der Wert der Determinante um den Faktor -1 auf Grund eines Zeilentauschs, usw. Insgesamt gilt

$$\det(A) = \begin{vmatrix} 1 & 1 & 2 & 1 \\ 1 & 1 & 2 & 2 \\ -3 & -2 & -1 & -1 \\ 2 & 3 & 8 & 2 \end{vmatrix} = (-1)^2 \begin{vmatrix} 1 & 1 & 2 & 1 \\ 0 & 1 & 5 & 2 \\ 0 & 0 & -1 & -2 \\ 0 & 0 & 0 & 1 \end{vmatrix} = -1 ,$$

weil im Laufe der Rechnung zweimal Zeilen vertauscht werden (Faktor $(-1)^2$) und die Determinante der Dreiecksmatrix im letzten Schema gleich dem Produkt ihrer Hauptdiagonalelemente ist. Zur Berechnung der Determinante einer beliebigen quadratischen Matrix A ergibt sich damit der folgende Algorithmus.

Algorithmus 3.4. Bestimmung von $\det(A)$ bei exakter Rechnung

Wende die Vorwärtsrechnung von Algorithmus 3.3 auf die quadratische Matrix A an. Die Anzahl der Zeilenvertauschungen sei V. Die Spalte der rechten Seiten b_i in (3.21) wird hier weggelassen. Hinzu kommt jetzt, daß die Zeilenvertauschungen gezählt werden.

Fall 1: Der Algorithmus endet mit A *singulär*. Dann ist $\det(A) = 0$.

Fall 2: Der Algorithmus bricht nicht mit A *singulär* ab und endet also mit (3.25). Dann ist $\det(A) = (-1)^V \cdot u_{11} \cdot u_{22} \cdot \ldots \cdot u_{nn}$.

Die Begründung für $\det(A) = 0$ im Fall 1 ist möglich z. B. mit Hilfe der Eigenschaften

$$\begin{vmatrix} u_{11} & \cdots & u_{1n} \\ 0 & & \\ \vdots & C & \\ 0 & & \end{vmatrix} = u_{11} \cdot \det(C)$$

und

$$\det(C) = 0, \text{ sofern die erste Spalte von } C \text{ die Nullspalte ist,}$$

die aus der Definition (3.19) folgen. Als Sonderfall ergibt sich so auch, daß die Determinante einer Dreiecksmatrix gleich dem Produkt der Hauptdiagonalelemente ist.

Als eine weitere Folgerung aus dem Algorithmus 3.3 ergibt sich der folgende Algorithmus zur Inversion einer Matrix.

Algorithmus 3.5. Bestimmung von A^{-1} bei exakter Rechnung

Wende den Algorithmus 3.3 auf die n linearen Gleichungssysteme (3.18) an.

Fall 1: Der Algorithmus 3.3 bricht während der Vorwärtsrechnung mit A *singulär* ab. Dann ist A singulär, d. h., A^{-1} existiert nicht.

Fall 2: Der Algorithmus endet nicht mit A *singulär*. Dann ist A regulär. Die Lösung des j-ten Systems (3.18) ist die j-te Spalte von A^{-1}.

Als Beispiel wollen wir die Inverse der Koeffizientenmatrix A des Systems (3.26) berechnen. Die Existenz von A^{-1} ist bereits gesichert, weil (3.26) eindeutig lösbar ist. Da die Systeme (3.18) dieselbe Koeffizientenmatrix A besitzen, bietet es sich an, den Gaußschen Algorithmus in der Form von Algorithmus 3.3 mit *mehreren* rechten Seiten durchzuführen:

x_1	x_2	x_3	x_4	1	1	1	1	ℓ_{i2}
$\boxed{1}$	1	2	1	1	0	0	0	
1	1	2	2	0	1	0	0	1
−3	−2	−1	−1	0	0	1	0	−3
2	3	8	2	0	0	0	1	2

Wir wählen dieselben Pivots wie im Beispiel 3.11, so daß die Vorwärtsrechnung für A übernommen werden kann. Man erhält das folgende Schema:

x_1	x_2	x_3	x_4	1	1	1	1
1	1	2	1	1	0	0	0
0	1	5	2	3	0	1	0
0	0	−1	−2	−5	0	−1	1
0	0	0	1	−1	1	0	0

Die Rückrechnung für das j-te System bzw. die j-te Spalte der rechten Seite ergibt die j-te Spalte von A^{-1}. Man erhält

$$A^{-1} = \begin{bmatrix} 18 & -5 & 2 & -3 \\ -30 & 8 & -4 & 5 \\ 7 & -2 & 1 & -1 \\ -1 & 1 & 0 & 0 \end{bmatrix}.$$

Wir erwähnen noch, daß im Algorithmus 3.5 die spezielle Gestalt der als 1-Spalten eingetragen rechten Seiten der Gleichungssysteme (3.18) zu einer wesentlichen Reduktion des Aufwands führt. Man verdeutliche sich das am soeben gerechneten Beispiel. Im Schritt 1 der Vorwärtsrechnung werden lediglich drei der zwölf Elemente der 1-Spalten modifiziert, und zwar drei Elemente der ersten 1-Spalte. Entsprechend verringert sich der Aufwand in den folgenden Schritten der Vorwärtsrechnung, wobei die Anzahl der Nullen in den 1-Spalten abnimmt. Unter der Annahme, daß alle weiteren Multiplikatoren ℓ_{ij} von Null verschieden sind, werden im Schritt 2 vier von acht Elementen und im Schritt 3 drei von vier Elementen in den 1-Spalten modifiziert. Im Beispiel 3.11 bleiben jedoch weitere Elemente unverändert, weil beispielspezifisch einige Multiplikatoren gleich Null sind.

Nach der Behandlung der Algorithmen 3.3 – 3.5 soll jetzt die eindeutige Lösbarkeit des linearen Gleichungssystems (3.16) noch einmal in kompakter Form charakterisiert werden.

Satz 3.2. *Es sei A eine (n,n)-Matrix und b ein Spaltenvektor mit n Elementen. Dann sind die folgenden Aussagen äquivalent:*

(a) *Das lineare Gleichungssystem $Ax = b$ ist eindeutig lösbar.*

(b) *Es existiert die inverse Matrix A^{-1}, d. h., die Matrix A ist regulär.*

(c) *Das lineare Gleichungssystem $Ax = y$ ist für jede rechte Seite y eindeutig lösbar, d. h., die Abbildung $F : x \longmapsto y = Ax$ ist eineindeutig, so daß die Umkehrabbildung $F^{-1} : y \longmapsto x$ existiert.*

(d) *Die Determinante von A ist von Null verschieden, d. h. $\det(A) \neq 0$.*

(e) *Die Spaltenvektoren von A sind linear unabhängig.*

(f) *Die Zeilenvektoren von A sind linear unabhängig.*

(g) *Der Rang von A ist gleich n.*

Die Äquivalenz von (a) – (d) folgt aus den Algorithmen 3.3 – 3.5 unmittelbar. Auf die Definition der linearen Unabhängigkeit von Vektoren und auf den Begriff des Ranges einer Matrix sowie auf die Äquivalenz von (e), (f) und (g) gehen wir hier nicht ein und verweisen auf die Literatur, z. B. [3].

Wir wollen aber noch zwei Folgerungen aus diesem Satz angeben:

(i) *Die Umkehrabbildung in (c) ist durch*

$$x = F^{-1}(y) = A^{-1}y \tag{3.29}$$

gegeben, denn nach der Definition von A^{-1} ist $A \cdot A^{-1} = E$, vgl. (3.17). Folglich gilt $Ax = A \cdot A^{-1}y = y$, so daß (3.29) die eindeutige Lösung von $Ax = y$ ist.

(ii) *Es gilt*

$$A \cdot A^{-1} = E \quad \text{und} \quad A^{-1} \cdot A = E \tag{3.30}$$

mit der (n,n)-Einheitsmatrix E. Die erste Gleichung gilt nach der Definition von A^{-1}, vgl. Begründung von (i). Zum Nachweis der zweiten Gleichung sei x ein beliebiger Spaltenvektor mit n Elementen und $y = Ax$. Wegen (i) muß dann $x = A^{-1}y$ gelten und damit $x = A^{-1}Ax$. Wählt man jetzt speziell für x den j-ten Koordinateneinheitsvektor e^j, so folgt $e^j = A^{-1}Ae^j$, d. h., e^j ist j-te Spalte von $A^{-1}A$ für $j = 1, \ldots, n$.

Zum Abschluß dieses Abschnittes wollen wir noch auf alternative Algorithmen zu den Algorithmen 3.3 – 3.5 eingehen. Ein neben dem Algorithmus 3.5 bekannter Algorithmus zur Matrixinversion ist der Gauß-Jordan-Algorithmus bzw. das dazu identische, sogenannte Austauschverfahren. Der Gauß-Jordan-Algorithmus, von dem wir hier nur den Namen erwähnen, ist eine echte Alternative zum Algorithmus 3.5. Beide Algorithmen sind vom Aufwand her und auch in der jeweiligen, für Gleitpunktrechnung geeigneten Form von der numerischen Stabilität her weitgehend vergleichbar. Bevor wir zwei weitere, aber inakzeptable Alternativen zur Lösung linearer Gleichungssysteme und zur Determinantenberechnung diskutieren, wollen wir den Aufwand der Algorithmen 3.3 – 3.5 näher betrachten.

Entscheidend für den Aufwand ist die Anzahl der arithmetischen Operationen. Die Tabelle 3.4 enthält die Anzahl der Punktoperationen (Multiplikationen und Divisionen) und Strichoperationen (Additionen und Subtraktionen) für die Algorithmen 3.3 – 3.5 im Fall einer regulären (n,n)-Matrix A. Dabei ist zu beachten, daß beim Algorithmus 3.5 zur Matrixinversion die im Anschluß an das entsprechende Beispiel diskutierte Reduktion des Aufwands, die aus der speziellen Gestalt der rechten Seiten der zu lösenden Gleichungssysteme resultiert, berücksichtigt ist. Beim Algorithmus 3.4 zur Determinantenberechnung ist der Aufwand für die Ermittlung der Anzahl V der Zeilenvertauschungen und für die Multiplikation mit $(-1)^V$ nicht gezählt, weil der durch $(-1)^V$ eventuell vorzunehmende Vorzeichenwechsel ohne meßbaren Aufwand realisiert werden kann. Eine allgemeine Begründung für die angegebenen Anzahlen von Operationen geben wir nicht. Für die Dimension $n = 4$ lassen sich die Angaben an dem diskutierten Beispiel überprüfen, wobei Verknüpfungen mit Nullelementen auch als Operationen zu zählen sind.

Tabelle 3.4: Algebraischer Aufwand der Algorithmen 3.3 – 3.5

Algorithmen	Punktoperationen	Strichoperationen
Algorithmus 3.3 für $Ax = b$	$\frac{n^3}{3} + n^2 - \frac{n}{3}$	$\frac{n^3}{3} + \frac{n^2}{2} - \frac{5n}{6}$
Algorithmus 3.4 für $\det(A)$	$\frac{n^3}{3} + \frac{2n}{3} - 1$	$\frac{n^3}{3} - \frac{n^2}{2} + \frac{n}{6}$
Algorithmus 3.5 für A^{-1}	$n^3 + \frac{n^2}{2} - \frac{n}{2}$	$n^3 - n^2$

Mitunter werden lineare Gleichungssysteme $Ax = b$ mit regulärer Koeffizientenmatrix A auf der Basis der Lösungsdarstellung $x = A^{-1}b$ gelöst, vgl. (3.29). Es wird also A^{-1} explizit berechnet und anschließend das Produkt $A^{-1}b$ gebildet. Wird A^{-1} mit dem Algorithmus 3.5 berechnet, so sind nach obiger Tabelle $n^3 + \frac{n^2}{2} - \frac{n}{2}$ Punktoperationen und $n^3 - n^2$ Strichoperationen erforderlich. Im Produkt $A^{-1}b$ kommen n^2 Multiplikationen und $n(n-1)$ Additionen vor. Also erfordert der beschriebene alternative Algorithmus insgesamt $n^3 + \frac{3n^2}{2} - \frac{n}{2}$ Punktoperationen und $n^3 - n$ Strichoperationen. In der folgenden Tabelle wird für verschiedene n der Aufwand des soeben beschriebenen, alternativen Algorithmus mit dem Algorithmus 3.3 verglichen. Die Zeile VPO enthält das Verhältnis der Punktoperationen des alternativen Algorithmus zum Algorithmus 3.3, und die Zeile VSO enthält das entsprechende Verhältnis der Strichoperationen.

n	2	3	4	5	6
VPO	2.17	2.29	2.39	2.46	2.52
VSO	2.00	2.18	2.31	2.40	2.47

Der Aufwand des alternativen Algorithmus ist also bereits für kleine n mehr als doppelt so groß wie der Aufwand von Algorithmus 3.3. Die in der Tabelle angegebenen Verhältniszahlen wachsen mit n streng monoton und streben für $n \to +\infty$ jeweils gegen den Grenzwert 3. Der alternative Algorithmus ist folglich vom Rechenaufwand her dem Algorithmus 3.3 klar unterlegen. Ein weiteres Argument gegen den alternativen Algorithmus ist, daß die Inverse einer schwach besetzten Matrix A, d. h. einer Matrix mit vielen Nullelementen, in der Regel voll besetzt ist. In diesem Zusammenhang weisen wir darauf hin, daß die Inverse A^{-1} einer Matrix A numerisch äußerst selten benötigt wird. Einen Ausdruck der Form $x := A^{-1}b$ kann man stets als Lösung des linearen Gleichungssystems $Ax = b$ mit dem Algorithmus 3.3 berechnen. Die numerische Berechnung von A^{-1} sollte vermieden werden.

Zur Berechnung einer Determinante findet man mitunter einen Algorithmus, der auf der Entwicklung einer Determinante nach Unterdeterminanten gemäß (3.20) beruht. Dieser Algorithmus ist ab einer gewissen Ordnung n indiskutabel, wie nachfolgend deutlich wird. Die Determinante $\det(A)$ werde also nach (3.20) rekursiv berechnet. Ist P_n die Anzahl der Punktoperationen und S_n die Anzahl der Strichoperationen zur Berechnung einer Determinante der Ordnung n, so folgen mit $P_1 = S_1 = 0$ aus (3.20) die Rekursionen

$$P_n = n + n \cdot P_{n-1}\,, \quad S_n = (n-1) + n \cdot S_{n-1}\,, \quad n = 2, 3, \ldots\,. \tag{3.31}$$

Dabei wurde der aus dem Faktor $(-1)^{i+1}$ resultierende Aufwand nicht extra gezählt, weil dieser Faktor lediglich einen Vorzeichenwechsel beim Übergang zum nächsten Summanden bewirkt. Aus (3.31) folgt

$$P_n > n \cdot P_{n-1}, \quad S_n > n \cdot S_{n-1}\,, \quad n = 2, 3, \ldots\,,$$

und damit wegen $P_2 = 2$, $S_2 = 1$ schließlich

$$P_n > n!\,, \quad S_n > n!\,.$$

Wenn wir jetzt eine Punktoperation und eine Strichoperation als eine sogenannte (Punkt-Strich-) Operation zusammenfassen, so sind zur Berechnung einer Determinante der Ordnung n nach dem Entwicklungssatz (3.20) wenigstens $n!$ Operationen erforderlich. Zum Vergleich mit dem Algorithmus 3.3 sehen wir dort die Punkt- und Strichoperationen als gleich aufwendig an und erhalten so nach Bildung des arithmetischen Mittels der Punkt- und Strichoperationen für den Algorithmus 3.4 einen Aufwand von $\frac{n^3}{3} - \frac{n^2}{4} + \frac{5n}{12} - \frac{1}{2}$ Operationen. Um einen Vergleich auf der Basis von Rechenzeiten zu ermöglichen, betrachten wir jetzt den CASIO-9850G. Die Rechenzeit für 10 000 Operationen ermitteln wir mit dem folgenden Programm:

```
For 1 → K To 10000 ↵
5 × 7 + 3 ↵
Next
```

Handgestoppt ergibt sich eine Zeit von ca. 160 Sekunden für die Abarbeitung dieses Programmes. Wir erwähnen, daß die Abarbeitung des entsprechenden Programmes auf dem TI-85 nur etwas mehr als 80 Sekunden erfordert. Der TI ist also fast doppelt so schnell wie der CASIO. Wir wollen uns aber weiter auf den CASIO beziehen. Als Zeit für eine Operation erhält man hier 0.016 Sekunden. Natürlich ist das nicht die reine Prozessorzeit für die Berechnung eines Produktes und einer Summe. In der Zeit ist ein Anteil für die Interpretation des Programms, insbesondere für die Realisierung der For-Next-Schleife enthalten. Dies ist jedoch für unsere Vergleichszwecke nicht weiter nachteilig, weil in den Algorithmen zur Determinantenberechnung ohnehin entsprechende Zeit für die Organisation des Algorithmus erforderlich ist. Auf der Basis der ermittelten 0.016 Sekunden pro Operation erhält man die in Tabelle 3.5 angegebenen vermutlichen Rechenzeiten. Diese Rechenzeiten dürften einigermaßen real sein,

Tabelle 3.5: Rechenzeiten bei der Determinantenberechnung

	Algorithmus 3.4		Algorithmus nach (3.20)	
n	Operationen	Zeit	Operationen	Zeit
6	65	1.04 s	720	11.52 s
7	105	1.67 s	5 040	80.64 s
8	158	2.52 s	40 320	645.12 s
9	226	3.62 s	362 880	5806.08 s
10	312	4.99 s	3 628 800	58060.80 s

weil die Berechnung der Determinante einer regulären (10,10)-Matrix A mit dem Kommando Det Mat A tatsächlich ca. 5 Sekunden Zeit erfordert und das verwendete Programm im Prinzip dem Algorithmus 3.4 entsprechen wird. Zur Berechnung einer Determinante auf CASIO vergleiche auch das Beispiel 3.14 unten. Für den Algorithmus nach (3.20) wächst die Anzahl der Operationen und damit die erforderliche Zeit dermaßen schnell mit n, daß die Berechnung einer Determinante nach diesem Algorithmus bereits für nicht zu großes n unrealistisch ist. Für eine zehnreihige Determinante würde der CASIO mit einem Programm auf der Basis von (3.20) schon mehr als 16 Stunden arbeiten.

3.5.2 Algorithmen für Gleitpunktrechnung und Genauigkeitsfragen

Algorithmen

Der Algorithmus 3.3 (Gaußscher Algorithmus für exakte Rechnung) ist bei t-stelliger Gleitpunktrechnung für gewisse lineare Gleichungssysteme $Ax = b$ mit regulärer Koeffizientenmatrix A bei ungeeigneter Pivotwahl numerisch instabil. Dies gilt dann auch für die Algorithmen 3.4 und 3.5 zur Berechnung von $\det(A)$ und A^{-1}, weil diese Algorithmen prinzipiell auf dem Algorithmus 3.3 beruhen.

Beispiel 3.12. Wir betrachten das lineare Gleichungssystem

$$\begin{aligned} \varepsilon \cdot x \; + \; y &= 1 + \varepsilon \\ x \; + \; y &= 2 \end{aligned} \tag{3.32}$$

mit einem reellen Parameter $0 < \varepsilon < 1$. Zur Lösung wenden wir den Algorithmus 3.3 mit dem Pivot $a_{11} = \varepsilon$ an und erhalten:

x	y	1	ℓ_{i1}
$\boxed{\varepsilon}$	1	$1+\varepsilon$	
1	1	2	$1/\varepsilon$

x	y	1
ε	1	$1+\varepsilon$
0	$1 - \ell_{21} \cdot 1$	$2 - \ell_{21} \cdot (1+\varepsilon)$

Die Rückrechnung ergibt die eindeutige Lösung

$$y = \frac{2 - \ell_{21} \cdot (1+\varepsilon)}{1 - \ell_{21} \cdot 1}\,, \quad x = ((1+\varepsilon) - 1 \cdot y)/\varepsilon \tag{3.33}$$

bzw. nach elementaren analytischen Umformungen

$$x = 1\,, \quad y = 1\,. \tag{3.34}$$

Nun lösen wir das Gleichungssystem (3.32) für ausgewählte kleine positive Werte ε mit dem Algorithmus 3.3 bei t-stelliger Gleitpunktrechnung. Wir arbeiten mit dem CASIO CFX-9850G, es ist $t \approx 15$. Der Anwendung des Algorithmus 3.3 entspricht die Berechnung der Ausdrücke (3.33). Im TABLE-Menü können wir (3.33) für Folgen von ε-Werten auswerten. Wir wählen $\varepsilon = 10^{-\mathsf{X}}$, $\mathsf{X} = \mathsf{X}_0,\ \mathsf{X}_0 + \Delta\mathsf{X},\ \mathsf{X}_0 + 2 \cdot \Delta\mathsf{X}, \ldots$ und speichern die beiden Formeln (3.33) z. B. als Y17 und Y19 in der Form

$$\begin{aligned} \mathsf{Y17} &= (2 - 1 \div 10\wedge - \mathsf{X} \times (1 + 10\wedge - \mathsf{X})) \div (1 - 1 \div 10\wedge - \mathsf{X}), \\ \mathsf{Y19} &= (1 + 10\wedge - \mathsf{X} - \mathsf{Y17}) \div 10\wedge - \mathsf{X}\,. \end{aligned} \tag{3.35}$$

Man beachte, daß dabei das Y bei der Eingabe der rechten Seite von Y19 nicht das übliche Y von der Tastatur ist, sondern in der Form (VARS) (F4) (GRPH) (F1) (Y) einzugeben ist, vgl. auch Beispiel 3.1 b). Zur Überprüfung der Genauigkeit der berechneten y =Y17 und x =Y19 speichern wir noch die Funktionen Y18= 1−Y17 und Y20= 1−Y19 als absolute Fehler von x bzw. y. Nach Eingabe des Tabellenbereiches für X gemäß Start: 10, End: 15 und Pitch: 0.5 und Ausführung der Rechnung erhält man die in Tabelle 3.6 angegebenen Ergebnisse. Die Ergebnisse zeigen, daß die Lösungskomponente y stabil berechnet

Tabelle 3.6: Testrechnungen zu Beispiel 3.12

X	Y17 $= y$	Y18 $= 1 - y$	Y19 $= x$	Y20 $= 1 - x$
10	1	0	1	0
10.5	1	0	0.9999	8.7 E-5
11	1	0	1	0
11.5	1	0	0.9992	7.2 E-4
12	1	0	1	0
12.5	1	0	0.9803	0.0196
13	1	0	1	0
13.5	1	3 E-14	1.0119	-0.011
14	1	1 E-14	1.1	-0.1
14.5	1	0	0	1
15	1	0	0	1

wird. Dagegen treten bei der Berechnung von x Ungenauigkeiten auf, die mit Verkleinerung des Parameters $\varepsilon = 10^{-\mathsf{X}}$ wachsen. Bei $\varepsilon = 10^{-14.5}$ sind alle Stellen des berechneten x falsch, der relative Fehler beträgt 100%. Die Ursache dafür ist Stellenauslöschung im Zähler von $x = ((1+\varepsilon) - 1 \cdot y)/\varepsilon$. Wir illustrieren diesen Effekt für $\varepsilon = 10^{-10.5} = 3.162\,277\,66 \cdot 10^{-11}$ bei 15 stelliger Gleitpunktrechnung

$$\begin{array}{r|l}
 & 1.000\,000\,000\,000\,00 \\
\varepsilon & \underline{0.000\,000\,000\,031\,622}\,7766 \\
1+\varepsilon & 1.000\,000\,000\,031\,62 \\
 & \underline{-1.000\,000\,000\,000\,00} \\
1+\varepsilon-1 & 0.000\,000\,000\,031\,62 \;=\; 3.162 \cdot 10^{-11}\,.
\end{array}$$

Durch die letzte Operation, d. h. die Subtraktion, erscheint der Fehler von $1+\varepsilon$ in der fünften Stelle. Folglich wird auch in etwa die fünfte Stelle des berechneten x falsch sein, weil sich bei der Division die relativen Fehler addieren.

Die Instabilitäten bei der Berechnung von x =Y19(X) können auch eindrucksvoll am Graphen zu Y19 nach Vorgabe eines geeigneten Betrachtungsfensters demonstriert werden. Bei Wahl der Betrachtungsfenster

View Window	
Xmin	: 13
max	: 14.5
scale	: 0.5
Ymin	: 0.5
max	: 1.5
scale	: 0.5

View Window	
Xmin	: 13.1
max	: 14.5
scale	: 0.5
Ymin	: 0.5
max	: 1.5
scale	: 0.5

erhält man mittels (F5) (G-CON) die beiden folgenden Bilder:

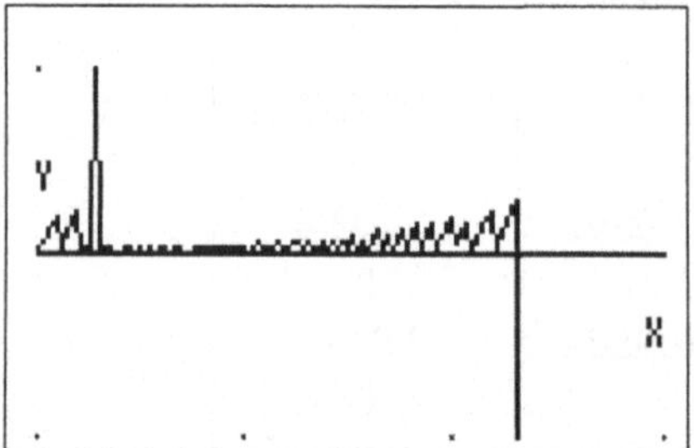

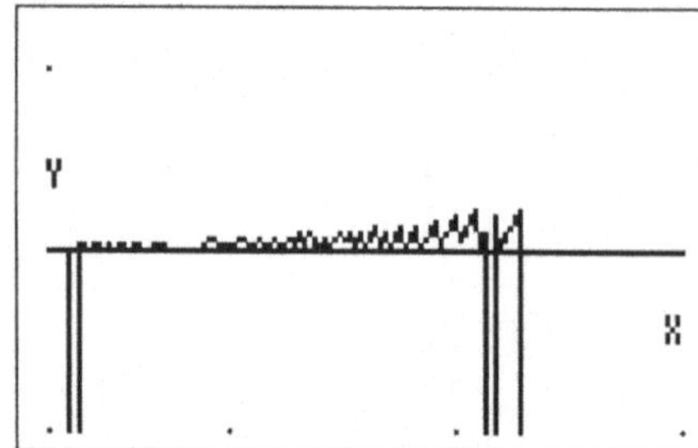

Die Unterschiede in den Bildern erklären sich dadurch, daß die Funktion je nach Betrachtungsfenster für unterschiedliche X-Werte ausgewertet wird, vgl. die Diskussion zur Darstellung des Graphen einer Funktion auf dem Display im Abschnitt 1.3. Die "Ausreißer" in den Bildern lassen sich mittels (SHIFT) (F1) (Trace), d. h. mittels Kurvenverfolgung, ermitteln. Man erhält so z. B. im linken Bild für X = 13.142 857 142 den Funktionswert Y19(X) = 1.500 655 134. Man beachte dabei, daß der angezeigte Wert X das auf elf Stellen gerundete X ist, an dem Y19(X) tatsächlich ausgewertet wird.

Wir diskutieren jetzt die Pivotwahl in Beispiel 3.12. Bei der Anwendung von Algorithmus 3.3 wurde $a_{11} = \varepsilon$ als Pivot gewählt. Der Algorithmus 3.3 läßt auch $a_{21} = 1$ als Pivot zu. Bei dieser Pivotwahl erhält man an Stelle von (3.33) die Lösung

$$y = \frac{1 + \varepsilon - \bar{\ell}_{21} \cdot 2}{1 - \bar{\ell}_{21} \cdot 1}, \quad x = (2 - 1 \cdot y)/1, \tag{3.36}$$

wobei $\bar{\ell}_{21} = \varepsilon/1$. Die Berechnung von (3.36) im TABLE-Menü analog (3.35) zeigt, daß jetzt sowohl y als auch x stabil berechnet werden. Für alle $\varepsilon = 10^{-\mathsf{X}}$ mit X$\in \{10, 10.5, \cdots, 20\}$ werden beide Lösungskomponenten $x = 1$, $y = 1$ auf mindestens 15 Stellen genau ermittelt.

Im Beispiel 3.12 wird das lineare Gleichungssystem (3.32) mit dem Algorithmus 3.3 bei 15 stelliger Gleitpunktrechnung numerisch stabil gelöst, sofern das betragsgrößere der beiden Pivotkandidaten $a_{11} = \varepsilon$, $a_{21} = 1$ als Pivot gewählt wird. In der Fachliteratur, wie z. B. [8], wird gezeigt, daß der Algorithmus 3.3 bei t-stelliger Gleitpunktrechnung für beliebige lineare Gleichungssysteme $Ax = b$ mit regulärer Koeffizientenmatrix A, die jedoch nicht zu schlecht konditioniert sein dürfen, numerisch stabil ist, sofern bei der Pivotwahl stets eines der betragsgrößten der als Pivot in Betracht kommenden Elemente gewählt wird. Auf die Kondition eines linearen Gleichungssystems gehen wir im übernächsten Unterabschnitt noch ausführlich ein. Zur Lösung linearer Gleichungssysteme bei Gleitpunktrechnung eignet sich

Algorithmus 3.6. Gaußscher Algorithmus bei Gleitpunktrechnung

Dieser Algorithmus entsteht aus Algorithmus 3.3, wobei lediglich im Teilschritt b) der Vorwärtsrechnung die Pivotwahl wie folgt präzisiert wird:
Wähle in der ersten Spalte von A ein Element a_{r1} als Pivot mit

$$|a_{r1}| = \max_{i=1,\dots,n} |a_{i1}|. \tag{3.37}$$

Entsprechend erhält man aus dem Algorithmus 3.4 zur Berechnung einer Determinante und aus dem Algorithmus 3.5 zur Inversion einer Matrix für t-stellige Gleitpunktrechnung geeignete Algorithmen, wenn dort nicht auf den Algorithmus 3.3, sondern auf den Algorithmus 3.6 Bezug genommen wird. Die entsprechenden Algorithmen wollen wir nicht gesondert ausweisen.

Wir wollen die Pivotwahl im Algorithmus 3.6 noch einmal an Hand der beiden ersten Schritte von Algorithmus 3.6 für das lineare Gleichungssystem (3.26) verdeutlichen. Dabei rechnen wir der Einfachheit halber exakt und vernachlässigen die Effekte der Gleitpunktrechnung. Im Schritt 1 ist $a_{31} = -3$ das betragsgrößte Element in der ersten Spalte und damit Pivot. Die Vertauschung der Zeilen 3 und 1 sowie die Ausführung der Gaußschen Elimination ergibt:

p	x_1	x_2	x_3	x_4	1	ℓ_{i1}
3	$\boxed{-3}$	-2	-1	-1	-1	
2	1	1	2	2	0	$-1/3$
1	1	1	2	1	1	$-1/3$
4	2	3	8	2	2	$-2/3$

p	x_1	x_2	x_3	x_4	1
3	-3	-2	-1	-1	-1
2	0	$1/3$	$5/3$	$5/3$	$-1/3$
1	0	$1/3$	$5/3$	$2/3$	$2/3$
4	0	$5/3$	$22/3$	$4/3$	$4/3$

In der ersten Spalte des verkürzten Schemas ist das Element $5/3$ das betragsgrößte Element und damit Pivot. Die Rechnung ist also mit der Vertauschung der Zeilen 4 und 2 fortzusetzen, was hier nicht weiter verfolgt werden soll.

Standardmöglichkeiten auf CASIO und Vergleich mit TI

Die vorhandenen Standardmöglichkeiten auf den Rechnern zur Lösung linearer Gleichungssysteme, zur Berechnung von Determinanten und zur Matrixinversion wollen wir diskutieren. Dazu betrachten wir die folgenden drei Beispiele.

Beispiel 3.13. Lösung des linearen Gleichungssystems (3.32) für $\varepsilon = 10^{-\mathsf{X}}$, X$\in \{10, 10.5, \cdots, 15\}$ auf CASIO.

Auf dem CASIO löst man lineare Gleichungssysteme standardmäßig im EQUA-Menü. Da aus anderen Menüs leider kein Zugriff auf die im EQUA-Menü benutzte Software möglich ist, scheidet eine automatisierte Variante zur Lösung der zu diskutierenden elf Gleichungssysteme vom TABLE-Menü oder PRGM-Menü aus. Die Handhabung im EQUA-Menü erklärt sich von selbst und kann bei Bedarf im Handbuch [21] nachgelesen werden. Man beachte, daß der Koeffizient ε und das Absolutglied $1+\varepsilon$ als Ausdruck einzugeben sind und nicht als Dezimalzahl, um größtmögliche Genauigkeit bei der Eingabe zu erreichen. So ist z. B. $1+\varepsilon = 1+10^{-10.5}$ in der Form (1) (+) (1) (0) (∧) (−) (1) (0) (·) (5) einzugeben. Um die erreichte Genauigkeit der im EQUA-Menü ermittelten Lösung $(x, y)^T$ des Gleichungssystems einschätzen zu können, berechnen wir im Anschluß an die Lösung des Systems die Differenz zur exakten Lösung, d. h. $1-x$ und $1-y$. Natürlich ist dabei auf die im Rechner gespeicherten x, y und nicht auf die auf dem Display ausgegebenen Werte für x, y zurückzugreifen. Der Zugriff auf die berechnete Lösung ist über den Variablenspeicher möglich. Wir demonstrieren das für das Gleichungssystem im Fall $\varepsilon = 10^{-10.5}$. Nach der Lösung des Systems im EQUA-Menü wechseln wir in das RUN-Menü und berechnen die Differenz zwischen exakter Lösung und berechneter Lösung in Vektorform wie folgt:

Tasten	Display
(SHIFT) (+) ([ ) (SHIFT) (+) ([ ) (1) (SHIFT) (−) ( ]) (SHIFT) (+) ([ ) (1) (SHIFT) (−) ( ]) (SHIFT) (−) ( ]) (−) (VARS) (F6) (F3) (EQUA) (F1) (S·Rlt)	[[1][1]] − Sim Result
(EXE)	Ans 1 1 [0] 2 [0]

Da die Eingabe der Zeile [[1][1]] − Sim Result recht aufwendig und nach der Lösung jedes der elf Systeme zu wiederholen ist, sollte man die Zeile im Funktionsspeicher ablegen. Nach der Eingabe der Zeile wie oben beschrieben kann diese z. B. als f_1 mittels

(OPTN) (F6) (F6) (F3) (FMEM)
(F1) (STO) (F1) (f_1)

f_1 : [[1][1]] – Sim Result
⋮

gespeichert und mittels (OPTN) (F6) (F6) (F3) (FMEM) (F2) (RCL) (F1) (f_1) bei Bedarf aufgerufen und durch (EXE) für die aktuellen Werte aus dem EQUA-Menü abgearbeitet werden.
Auf dem beschriebenen Weg erhält man für alle elf zu lösenden Gleichungssysteme für x und y jeweils den auf mindestens zehn Stellen genauen Wert 1. Die Ausgabewerte werden rechnerseitig auf zehn Stellen gerundet. Für den Fehler $1 - x$ ergibt sich ohne Ausnahme der Wert Null. Bis auf die Fälle

ε	$10^{-12.5}$	$10^{-13.5}$	10^{-14}
$1 - y$	1.0 E – 14	6.3 E – 14	2.0 E – 14

verschwindet auch der Fehler $1 - y$. Die Ergebnisse deuten darauf hin, daß der CASIO zur Lösung linearer Gleichungssysteme wie zu erwarten einen numerisch stabilen Algorithmus verwendet.

Beispiel 3.14. Lösung des linearen Gleichungssystems (3.26) und Berechnung von $\det(A)$ und von A^{-1} für die Koeffizientenmatrix A auf CASIO.

Auf die Lösung des linearen Gleichungssystems im EQUA-Menü gehen wir nicht weiter ein. Die Hauptarbeit besteht in der Eingabe der Koeffizienten und der Elemente der rechten Seite. Die auf dem Display angezeigte Lösung ist die im Beispiel 3.11 ermittelte exakte Lösung. Wir gehen jetzt ausführlich auf die Berechnung von $\det(A)$ und von A^{-1} für die Koeffizientenmatrix A ein. Um $\det(A)$ und A^{-1} berechnen zu können, muß A als Matrix gespeichert vorliegen.

In der Regel wird man eine Matrix, von der z. B. die Determinante zu berechnen ist, im MAT-Menü oder auch im RUN- bzw. PRGM-Menü eingeben. Die Eingabe der folgenden Beispielmatrix B im RUN-Menü kann wie folgt realisiert werden:

$$B = \begin{bmatrix} 1 & 2 \\ 2 & 1 \end{bmatrix} \quad \rightarrow \quad \text{CASIO:}$$

[[1,2][2,1]] → Mat B

Das Schlüsselwort Mat ist durch die Tastenfolge (OPTN) (F2) (MAT) (F1) (Mat) zu erzeugen. Auf dem CASIO sind Matrizen stets mit Mat gekennzeichnet. Es sind die Matrizen Mat A,... , Mat Z möglich. Außerdem gibt es die Matrix Mat Ans, die mittels (OPTN) (F2) (MAT) (F1) (Mat) (SHIFT) ((-)) (Ans) erzeugt werden kann. Diese Matrix wird zur Speicherung von Zwischenergebnissen oder der Ergebnismatrix bei der Bearbeitung von Matrizen genutzt. Man beachte, daß bei der Eingabe der Matrix B die Ordnung oder Dimension der Matrix automatisch festgelegt wird. Ist die Matrix B vor der Eingabe bereits belegt, so wird die alte Matrix B, die auch eine andere Ordnung als die neue haben kann, gelöscht.

Wir kommen jetzt zu unserem eigentlichen Anliegen zurück, im Anschluß an die Lösung des linearen Gleichungssystems (3.26) für die Koeffizientenmatrix A die Determinante und die Inverse zu berechnen. Da wir bereits die Koeffizientenmatrix A und die rechte Seite b des Systems eingegeben haben, möchten wir die Daten der Matrix A übernehmen. Die Eingangsdaten des Gleichungssystems sind ebenso wie die Lösung über den Variablenspeicher zugänglich. Nach der Lösung des Gleichungssystems oder auch sofort nach der Eingabe des Gleichungssystems wechseln wir in das RUN-Menü und überzeugen uns mittels

(VARS) (F6) (F3) (EQUA)
(F2) (S·Cof)

```
Sim Coef_
```

(EXE)

Ans	1	2	3	4	→
1	1	1	2	1	
2	1	1	2	2	
3	−3	−2	−1	−1	
4	2	3	8	2	

davon, daß die Daten A, b des linearen Gleichungssystems in der Speichermatrix Sim Coef $= [\,A\,|\,b\,]$ verfügbar sind. Nun speichern wir zunächst diese Matrix z. B. als Mat A gemäß

(AC/ON) (◄) (→) (OPTN) (F2) (MAT)
(F1) (Mat) (ALPHA) (X,Θ,T) (A)

```
Sim Coef → Mat A
```

(EXE)

Ans	1	2	3	4	→
1	1	1	2	1	
2	1	1	2	2	
3	−3	−2	−1	−1	
4	2	3	8	2	

und wechseln in das MAT-Menü. Leider ist die Speichermatrix Sim Coef des EQUA-Menüs im MAT-Menü nicht verfügbar, so daß wir im RUN-Menü diese Daten zusätzlich unter Mat A gespeichert haben, um jetzt die hier nicht benötigte fünfte Spalte, welche die rechten Seiten des Gleichungssystems enthält, streichen zu können. Dazu aktivieren wir mittels (EXE) die Matrix Mat A, bringen den Kursor durch mehrfaches Betätigen der Taste (▶) auf ein Element in Spalte 5, kennzeichnen diese Spalte mittels (F3)(COL) und entfernen diese Spalte nun durch (F1)(DEL). Jetzt kann im RUN-Menü die Determinante und Inverse der unter Mat A gespeicherten Koeffizientenmatrix wie folgt berechnet werden:

(OPTN) (F2) (MAT) (F3) (Det)
(F1) (Mat) (ALPHA) (X,Θ,T) (A)
(EXE)

(F1) (Mat) (ALPHA) (X,Θ,T) (A)
(SHIFT) ( )) (X^{-1})

(EXE)

Det Mat A

−1

Mat A^{-1}

Ans	1	2	3	4
1	18	−5	2	−3
2	−30	8	−4	5
3	7	−2	1	−1
4	−1	1	0	0

Die Ergebnisse stimmen mit den bei exakter Rechnung ermittelten Resultaten überein. Zur Kontrolle kann man mittels

(F1) (Mat) (SHIFT) ((−)) (Ans) (×)
(F1) (Mat) (ALPHA) (X,Θ,T) (A)

Mat Ans × Mat A

das Produkt $A^{-1} \cdot A$ bilden. Nach (EXE) erhält man die Einheitsmatrix.

Damit ist das Beispiel 3.14 im wesentlichen bearbeitet. Der beschriebene Zugriff auf die Koeffizientenmatrix eines linearen Gleichungssystems ist etwas umständlich. Man kann das Vorgehen ein wenig beschleunigen, wenn man beachtet, daß nach der Eingabe *und* der Lösung des Gleichungssystems die Matrix $[A \mid b]$ nicht nur über Sim Coef im RUN- bzw. PRGM-Menü verfügbar, sondern auch in der Matrix Mat Ans abgespeichert ist. Auf diese Matrix kann direkt im MAT-Menü zugegriffen werden. Leider steht beim CASIO die Koeffizientenmatrix A nur in Kombination mit dem Vektor b der rechten Seiten zur Verfügung. Auf dem TI ist die Koeffizientenmatrix A des Gleichungssystems separat gespeichert. Ein Bearbeiter des Beispiels 3.14 könnte auch erst $\det(A)$ und A^{-1} berechnen wollen und anschließend das lineare Gleichungssystem lösen. Er wird zunächst die Matrix A eingeben und die Determinante sowie die Inverse berechnen. Anschließend dürfte er bei Einsatz des CASIO feststellen, daß er zur Lösung des Gleichungssystems $Ax = b$ nur die beiden folgenden Möglichkeiten hat: Entweder das System wird im EQUA-Menü gelöst. Dann sind alle Daten des Gleichungssystems erneut einzugeben. Oder das System wird auf der Basis der Lösungsdarstellung $x = A^{-1}b$ gelöst, was aber auf Grund der Diskussion im Unterabschnitt Algorithmen von 3.5.1 nur eine Notvariante sein kann. Es fehlt der Aufruf zur Lösung eines linearen Gleichungssystems, der natürlich sachgemäß auf die Koeffizientenmatrix und den Vektor der Elemente der rechten Seite zurückgreifen wird. Auf dem TI ist dieser Aufruf verfügbar.

Beispiel 3.15. Lineares Gleichungssystem mit singulärer Koeffizientenmatrix
Wir betrachten die beiden Gleichungssysteme

$$\begin{array}{rcrcrcr} x & + & y & + & 2z & = & 4 \\ -3x & - & 3y & - & 6z & = & -12 \\ -3x & - & 2y & - & z & = & -6 \end{array}\ , \qquad \begin{array}{rcrcrcr} x & + & y & + & 2z & = & 4 \\ -\frac{1}{3}x & - & \frac{1}{3}y & - & \frac{2}{3}z & = & -\frac{4}{3} \\ -3x & - & 2y & - & z & = & -6 \end{array}\ , \tag{3.38}$$

die sich nur um einen Faktor in der zweiten Gleichung unterscheiden. Die Systeme besitzen dieselbe Lösungsmenge. Löst man jedoch die Systeme auf dem CASIO im EQUA-Menü, so erhält man im Fall des linken Systems die Meldung Ma ERROR und im Fall des rechten Systems die eindeutige Lösung

$$x = -1.2\,, \quad y = 6\,, \quad z = -0.4\ . \tag{3.39}$$

Dabei wurden die Eingangsgrößen der zweiten Gleichung des rechten Systems möglichst genau eingegeben, z. B. -1/3 in der Form (−) (1) (÷) (3) und nicht als Gleitpunktzahl. Wie sind diese widersprüchlichen Ergebnisse zu erklären? Die Meldung Ma ERROR ist zu erwarten, denn die Systeme (3.38) sind nicht eindeutig lösbar, die Koeffizientenmatrizen sind singulär, vgl. auch Satz 3.2. Wir überprüfen dies für das linke System mit Hilfe des Algorithmus 3.3:

x	y	z	1	ℓ_{i1}
$\boxed{1}$	1	2	4	
−3	−3	−6	−12	−3
−3	−2	−1	−6	−3

x	y	z	1
1	1	2	4
0	0	0	0
0	1	5	6

x	y	z	1
1	1	2	4
0	$\boxed{1}$	5	6
0	0	0	0

Im Schritt 3 des Algorithmus 3.3 wird festgestellt, daß das System nicht eindeutig lösbar ist, weil das letzte Element in der z-Spalte verschwindet. Darüber hinaus ergibt sich aus dem letzten Tableau, daß die Systeme (3.38) lösbar sind, weil auch das letzte Element in der Spalte der rechten Seiten verschwindet. Jede Lösung von (3.38) ist in der Form

$$\begin{pmatrix} x \\ y \\ z \end{pmatrix} = \begin{pmatrix} -2 \\ 6 \\ 0 \end{pmatrix} + t \begin{pmatrix} 3 \\ -5 \\ 1 \end{pmatrix} \quad \text{mit einem } t \in \mathbb{R} \tag{3.40}$$

darstellbar. Dieses Ergebnis läßt sich auch geometrisch veranschaulichen: Die jeweils ersten beiden Gleichungen der Systeme (3.38) beschreiben ein und dieselbe Ebene, welche die der dritten Gleichung entsprechende Ebene in der Geraden (3.40) schneidet. Das Ergebnis des CASIO für das rechte der Systeme (3.38) läßt sich im Prinzip wie folgt erklären: Die zweite Gleichung des rechten Systems ist nicht exakt im Rechner darstellbar. Diese Gleichung wird durch die Gleichung ersetzt, die durch Rundung der Koeffizienten $-\frac{1}{3}$, $-\frac{1}{3}$, $-\frac{2}{3}$ und der Konstanten $-\frac{4}{3}$ auf die Mantissenlänge t des Rechners entsteht. Die entsprechende Ebene unterscheidet sich jetzt von der durch die erste Gleichung beschriebenen Ebene und schneidet diese, wobei der Schnittwinkel dieser beiden Ebenen sehr klein ist. Es handelt sich um einen schleifenden Schnitt. Der Schnittwinkel zweier sich schneidender Ebenen wird im Beispiel 3.16 erklärt. Folglich schneiden sich die durch die im Rechner erfaßten Gleichungen des rechten Systems von (3.38) beschriebenen drei Ebenen genau in einem Punkt, so daß das Gleichungssystem eindeutig lösbar ist. Zusätzlich zu den Fehlern bei der Eingabe der zweiten Gleichung treten bei der Lösung des Systems Rundungsfehler auf. Denn wäre dies nicht der Fall, so müßte die berechnete Lösung (3.39) auf der Schnittgeraden (3.40) der durch die erste und dritte Gleichung definierten Ebenen liegen. Der Punkt (3.39) hat jedoch von der Geraden (3.40) den Abstand $2\sqrt{210}/35 = 0.83$, so daß große Rundungsfehler auftreten. Diese sind auch zu erwarten, denn das im Rechner gespeicherte Gleichungssystem ist schlecht konditioniert wie aus der ausführlichen Diskussion im folgenden Unterabschnitt ersichtlich wird.

Der TI liefert für das linke System in (3.38) erwartungsgemäß ERROR 03 SINGULAR MAT und für das rechte die eindeutige Lösung

$$x = -2, \quad y = 6, \quad z = 0\,. \tag{3.41}$$

Der Lösungspunkt (3.41) liegt überraschend auf der Geraden (3.40). Man sollte daraus aber nicht schließen, daß der Gaußsche Algorithmus im vorliegenden Fall auf dem TI rundungsfehlerfrei arbeitet. Es dürfte vielmehr so sein, daß die mit dem Gaußschen Algorithmus ermittelte Näherung nachträglich verbessert wird. Vermutlich wird hier die sogenannte *Nachiteration* eingesetzt, vgl. z. B. [15]. Diese Vermutung wird auch durch das folgende Beispiel 3.16 erhärtet.

Das Beispiel 3.15 zeigt, daß sich ein nicht eindeutig lösbares Gleichungssystem bzw. ein Gleichungssystem mit singulärer Koeffizientenmatrix auf dem Rechner auf Grund von Eingabe- oder Rundungsfehlern als eindeutig lösbar bzw. als System mit regulärer Koeffizientenmatrix herausstellen kann. Es ist auch das Umgekehrte möglich: Ein eindeutig lösbares System kann auf dem Rechner als nicht eindeutig lösbar klassifiziert werden. Dies ist jedoch nur möglich, wenn das eindeutig lösbare System schlecht konditioniert ist, vgl. nachfolgenden Unterabschnitt und das dort behandelte Beispiel 3.16.

Wir wollen in Tabelle 3.7 die bereits erwähnten Unterschiede zwischen CASIO und TI zur Problematik lineare Gleichungssysteme, Determinanten und Matrixinversion zusammenstellen und auf weitere Möglichkeiten auf dem TI hinweisen. Dabei ist n die Dimension des Gleichungssystems bzw. die Ordnung der quadratischen Matrix A. Ist n nur durch den verfügbaren Speicher begrenzt, so schreiben wir „n beliebig". Auf die Konditionszahl von A und

Tabelle 3.7: Vergleich CASIO – TI

Leistungsmerkmal	CASIO	TI
Dimension n des Gleichungssystems $Ax = b$	$n \leq 6$ im EQUA-Menü (n beliebig bei Notvariante $x = A^{-1}b$)	n beliebig bei Lösung im SIMULT-Menü; n beliebig beim Aufruf simult (A,b)
Speicherung von A und von b bei $Ax = b$	$[A\|b]$ im EQUA-Menü als (n,n+1)-Matrix	Matrix A und Vektor b getrennt
det(A) , A^{-1}	Dimension n beliebig	Dimension n beliebig
LU-Zerlegung von A	nicht vorgesehen	berechenbar
Konditionszahl von A	nicht vorgesehen	berechenbar

deren Bedeutung bei der Lösung von $Ax = b$ gehen wir ausführlich im folgenden Unterabschnitt ein. Auf dem TI kann auch mit komplexwertigen Matrizen und Gleichungssystemen gearbeitet werden. So kann beispielsweise das lineare Gleichungssystem

$$\begin{bmatrix} 1+i & -i \\ -1+i & 1-i \end{bmatrix} \begin{bmatrix} x \\ y \end{bmatrix} = \begin{bmatrix} 5+2i \\ 1+7i \end{bmatrix}$$

mittels (2nd) (STAT) (SIMULT) gelöst werden. Dabei ist z. B. die komplexe Zahl $a_{11} = 1+i$ in der Form (1,1) einzugeben. Der Rechner liefert die exakte Lösung $x = (1, -1) = 1 - i\,,\ \ y = (-2, 3) = -2 + 3i\,.$

Schlecht konditionierte Gleichungssysteme

Nach der in A3 des Abschnittes 2.1 gegebenen Erklärung der Kondition einer Aufgabe, ist ein lineares Gleichungssystem schlecht konditioniert, wenn es kleine Störungen der Koeffizienten und/oder der Konstanten der rechten Seite gibt, die große Änderungen der Lösung verursachen. Bei der numerischen Lösung eines schlecht konditionierten Gleichungssystems kann auf Grund von Eingabe- und/oder Rundungsfehlern die berechnete Näherungslösung stark verfälscht werden. Deshalb ist es wichtig zu wissen, ob ein lineares Gleichungssystem schlecht oder gut konditioniert ist.

Beispiel 3.16. Wir betrachten die linearen Gleichungssysteme

$$\begin{aligned} (a+1)\,x \;+\; a\,y &= 2a+1 \\ a\,x \;+\; (a-1)\,y &= 2a-1\,, \end{aligned} \tag{3.42}$$

$$\begin{aligned} (1+b)\,x \;+\; (1+b)\,y \;+\; z &= 3+2b \\ (1+b)\,x \;+\; y \;+\; 2\,z &= 4+b \\ x \;+\; y \;+\; (1-b)\,z &= 3-b \end{aligned} \tag{3.43}$$

mit den Parametern a und b.

Das System (3.42) hat für alle $a \in \mathbb{R}$ die eindeutige Lösung $x = 1$, $y = 1$, und die Koeffizientenmatrix A_1, die sogenannte Zielke-Matrix zweiter Ordnung, ist folglich für alle a regulär, vgl. auch den Satz 3.2.

Die der ersten Gleichung von (3.42) entsprechende Gerade g_1 und die der zweiten Gleichung entsprechende Gerade g_2 schneiden sich genau in einem Punkt, dem Lösungspunkt $(x, y) = (1, 1)$ des Systems. Aus der Abbildung 3.6, welche die beiden Geraden im Fall $a = 1.5$ zeigt, wird ersichtlich, daß der kleinere der beiden Winkel, unter dem sich die Geraden schneiden, d. h. der Schnittwinkel der Geraden, kleiner wird, je größer $|a|$ gewählt wird. Für große $|a|$ spricht man von einem *schleifenden Schnitt* der beiden Geraden.

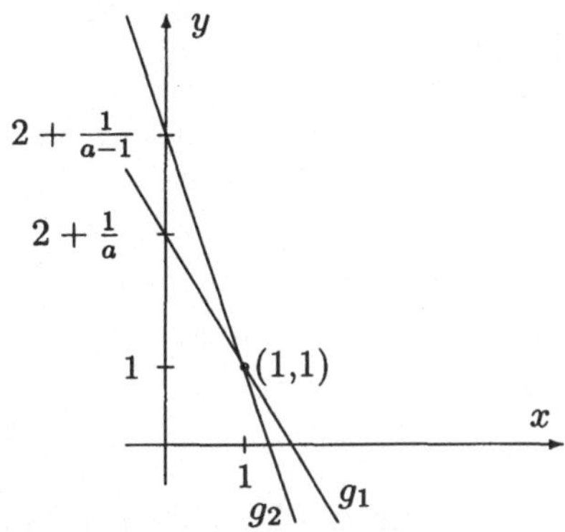

Abbildung 3.6: Veranschaulichung von (3.42) für $a = 1.5$

Das System (3.43) hat für alle $b \neq 0$ die eindeutige Lösung $x = 1, y = 1, z = 1$, für $b = 0$ gibt es unendlich viele Lösungen. Die Koeffizientenmatrix A_2 des Systems (3.43) ist damit regulär für $b \neq 0$ und singulär für $b = 0$.

Die den drei Gleichungen des Systems (3.43) entsprechenden Ebenen schneiden sich für $b \neq 0$ in genau einem Punkt, dem Lösungspunkt $(x, y, z) = (1, 1, 1)$ des Systems. Im Fall $b = 0$ beschreiben die erste und dritte Gleichung ein und dieselbe Ebene, die sich mit der durch die zweite Gleichung definierten Ebene in einer Geraden schneidet, welche die Lösungsmenge des Systems (3.43) darstellt.

Man erkennt, daß für kleine $|b| > 0$ der Schnittwinkel der Ebenen zur ersten und dritten Gleichung sehr klein ist. Es liegt damit ein schleifender Schnitt von zwei Ebenen vor. Dabei versteht man unter dem Schnittwinkel zweier sich schneidender Ebenen E_1 und E_2 den Schnittwinkel der beiden Geraden, die durch Schnitt einer zu E_1 und E_2 orthogonalen Ebene E_3 mit E_1 und E_2 entstehen. Als Schnittwinkel zweier sich schneidender Geraden hatten wir bereits oben den kleineren der beiden Winkel, unter dem sich die Geraden schneiden, eingeführt. Wir erwähnen noch, daß der Schnittwinkel der Ebenen zur ersten und dritten Gleichung des Systems (3.43) um so kleiner ist, je kleiner $|b|$ ist.

Wir wollen jetzt zeigen, daß das lineare Gleichungssystem (3.42) für große $|a|$ schlecht konditioniert ist. Für solche Parameterwerte haben die dem System entsprechenden Geraden einen sehr kleinen Schnittwinkel. Es ist zu zeigen, daß es kleine Störungen der Koeffizienten und/oder der Konstanten der rechten Seite gibt, die eine große Änderung der Lösung verursachen. Zum Nachweis beschränken wir uns auf Störungen der rechten Seite, d. h., wir betrachten das gestörte System

$$\begin{array}{rcrcl} (a+1)\,x & + & a\,y & = & 2a+1+\Delta b_1 \\ a\,x & + & (a-1)\,y & = & 2a-1+\Delta b_2 \end{array} \tag{3.44}$$

mit den Störungen Δb_1 und Δb_2. Das System (3.44) hat für alle a, $\Delta b_1, \Delta b_2$ die eindeutige Lösung

$$x = 1 + \Delta x\,, \quad y = 1 + \Delta y \tag{3.45}$$

mit den durch $\Delta b_1, \Delta b_2$ verursachten Störungen

$$\Delta x = (1-a)\cdot\Delta b_1 + a\cdot\Delta b_2\,, \quad \Delta y = a\cdot\Delta b_1 - (1+a)\cdot\Delta b_2 \tag{3.46}$$

der Lösung $(x, y) = (1, 1)$ des ungestörten Systems (3.42). Wählt man speziell $\Delta b_2 = 0$, so folgt aus (3.46) für die Störungen der Lösung

$$\Delta x = (1-a)\cdot\Delta b_1\,, \quad \Delta y = a\cdot\Delta b_1\,.$$

Ist nun z. B. $a = 10^6$ und $\Delta b_1 = 1$, d. h., Δb_1 ist relativ klein bez. des ungestörten Elementes $2a+1$ der rechten Seite, so folgt $\Delta x \approx -10^6$, $\Delta y = 10^6$. Also gibt es kleine Störungen der Eingangsgrößen, welche die Lösung gravierend verändern. Folglich ist das lineare Gleichungssystem (3.42) für große $|a|$ schlecht konditioniert. Wir erwähnen noch, daß es auch kleine Störungen der Eingangsgrößen gibt, welche nur kleine Störungen der Lösung verursachen.

Wählt man $\Delta b_2 = \Delta b_1$, so folgt aus (3.46) für die Störungen der Lösung $\Delta x = \Delta b_1$, $\Delta y = -\Delta b_1$.

In analoger Weise läßt sich zeigen, daß das System (3.43) für kleine $|b| > 0$ schlecht konditioniert ist. Das System (3.43) ist also gerade wieder für die Parameterwerte schlecht konditioniert, für die es unter den drei den Systemgleichungen entsprechenden Ebenen zwei Ebenen gibt, deren Schnittwinkel sehr klein ist. Dabei sind wie auch bei der Diskussion des Systems (3.42) die den kleinen Störungen der Eingangsgrößen entsprechenden großen Störungen der Lösung um so größer, je kleiner $|b|$ bzw. der Schnittwinkel ist.

In beiden von uns betrachteten linearen Gleichungssystemen resultiert also die schlechte Kondition aus einem sehr kleinen Schnittwinkel der beiden Geraden bzw. von mindestens zwei der drei Ebenen. Man kann allgemein zeigen, daß ein beliebiges lineares Gleichungssystem aus zwei oder drei Gleichungen genau dann schlecht konditioniert ist, wenn ein solch kleiner Schnittwinkel existiert. Dabei ist das System um so schlechter konditioniert, je kleiner der Schnittwinkel ist. Je schlechter das System konditioniert ist, mit um so größeren Fehlern ist bei der numerischen Lösung zu rechnen. Um zu entscheiden, ob und wie schlecht ein lineares Gleichungssystem konditioniert ist, könnte man also bei Systemen aus zwei oder drei Gleichungen die entsprechenden Schnittwinkel berechnen. Praktisch geht man jedoch aus Aufwandsgründen bei linearen Gleichungssystemen beliebiger Dimension n wie folgt vor, vgl. [3], [15]: Ein lineares Gleichungssystem mit der quadratischen Koeffizientenmatrix A ist genau dann schlecht konditioniert, wenn die *Konditionszahl*

$$\operatorname{cond}(A) = ||\,A\,|| \cdot ||\,A^{-1}\,|| \tag{3.47}$$

der Matrix A sehr groß ist. Dabei ist hier die einer (n,n)-Matrix $B = (b_{ij})$ zugeordnete Zahl

$$||\,B\,|| = ||\,B\,||_\infty = \max_{i=1,\dots,n} \sum_{j=1}^{n} |b_{ij}| \tag{3.48}$$

die maximale Zeilenbetragssumme von B. Es gilt stets $\operatorname{cond}(A) \geq 1$, und im Fall $\operatorname{cond}(A) \gg 1$ ist das lineare Gleichungssystem mit der Koeffizientenmatrix A schlecht konditioniert. Je größer $\operatorname{cond}(A)$ ist, desto schlechter ist das Gleichungssystem konditioniert und mit um so größeren Fehlern muß man bei der numerischen Lösung des Systems rechnen. Zur Berechnung von $\operatorname{cond}(A)$ ist gemäß (3.47) die Maßzahl $||\,A^{-1}\,||$ erforderlich. Es gibt aber Schätzer für $\operatorname{cond}(A)$, die ohne Kenntnis von A^{-1} mit relativ geringem Aufwand arbeiten.

Nur für Übungszwecke wollen wir cond(A_1) für die Koeffizientenmatrix A_1 des Systems (3.42) mit Hilfe der Inversen A_1^{-1} berechnen. Mit

$$A_1 = \begin{bmatrix} a+1 & a \\ a & a-1 \end{bmatrix}, \quad A_1^{-1} = \begin{bmatrix} 1-a & a \\ a & -a-1 \end{bmatrix} \tag{3.49}$$

ergibt sich

$$\mathrm{cond}(A_1) = \left(\max\{|a+1|+|a|, |a|+|a-1|\}\right)^2, \tag{3.50}$$

woraus $\mathrm{cond}(A_1) \approx 4a^2$ für große $|a|$ folgt. Damit ist bestätigt, daß das System (3.42) für große $|a|$ schlecht konditioniert ist.

Auf dem TI ist cond(A) im MATRX-Menü verfügbar. Als Beispiel berechnen wir cond(A_1) im Fall $a = 10^4$. Die Matrix A_1 sei bereits unter A1 gespeichert:

(2nd) (7) (MATRX) (F3) (MATH) (MORE) (F4) (cond) (ALPHA) (LOG)(A) (1) (ENTER)

```
cond A1
                 400 040 005
```

Das Ergebnis stimmt von der Größenordnung her mit dem nach (3.50) berechneten exakten Wert cond(A_1) = 400 040 001 überein. Wie bereits oben gesagt, wird auf dem TI eine Schätzung für die Konditionszahl berechnet.

Löst man das System (3.42) auf dem CASIO im EQUA-Menü bzw. auf dem TI im SIMULT-Menü (Tastenfolge (2nd) (STAT) (SIMULT)), so erhält man für große Werte des Parameters a, d. h., (3.42) ist schlecht konditioniert, die in Tabelle 3.8 angegebenen Ergebnisse. Die Werte für cond(A_1) wurden mit dem TI ermittelt. Die Ergebnisse zeigen, daß sich mit Vergrößerung der Konditions-

Tabelle 3.8: Testergebnisse zu System (3.42)

	CASIO	TI	
a	(x, y)	(x, y)	cond(A_1)
10^4	(1.000001, 1.000001)	(1, 1)	$400040005 \approx 4 \cdot 10^8$
10^5	(1, 1)	(1, 1)	$40000000001 \approx 4 \cdot 10^{10}$
10^6	(0.99, 1)	(1, 1)	$4 \cdot 10^{12}$
10^7	(4, 0)	(1.9999999, 0)	$4 \cdot 10^{14}$
10^8	Ma ERROR	ERROR 03 SINGULAR MAT	ERROR 03 SINGULAR MAT

zahl der Koeffizientenmatrix die Genauigkeit der berechneten Näherungslösung tatsächlich verschlechtert, denn das System (3.42) hat für alle a die exakte Lösung $x = 1$, $y = 1$. Auf dem CASIO ist für $a = 10^4$ der relative Fehler des berechneten x-Wertes und des berechneten y-Wertes gleich 10^{-6}, obgleich die Eingabegrößen exakt im Rechner gespeichert sind und mit ca. 15 Stellen gerechnet wird. Für $a = 10^7$ sind auf beiden Rechnern alle Stellen des berechneten y falsch. Bei $a = 10^8$ wird auf Grund der Rundungsfehler im Schritt 2 der Vorwärtsrechnung kein akzeptables Pivotelement gefunden – alle Pivotkandidaten sind Null oder dem Betrage nach sehr klein, so daß die Koeffizientenmatrix als singulär bzw. das Gleichungssystem als nicht eindeutig lösbar eingestuft wird. Im Vergleich zwischen CASIO und TI fällt auf, daß der TI noch für recht schlecht konditionierte Gleichungssysteme sehr gute Ergebnisse liefert, hier bis $a = 10^6$ bzw. $\text{cond}(A_1) = 4 \cdot 10^{12}$. Wir hatten dies bereits bei der Diskussion von Beispiel 3.16 festgestellt, und auch die unten angegebenen Ergebnisse zum Gleichungssystem (3.43) belegen dies. Vermutlich wird auf TI – wie bei der Diskussion des Beispiels 3.16 bereits erwähnt – die mit dem Gaußschen Algorithmus ermittelte Näherung nachträglich verbessert mit Hilfe der sogenannten Nachiteration, vgl. z. B. [15]. Abschließend geben wir in Tabelle 3.9 die analog zur Untersuchung des Systems (3.42) erhaltenen Ergebnisse für das lineare Gleichungssystem (3.43) an. Die Kondition des Systems verschlechtert sich bzw. die Konditionszahl der zugehörigen Koeffizientenmatrix A_2 wächst mit Verkleinerung des Parameters $b > 0$. Die Resultate entsprechen denen in Tabelle 3.8 und können analog diskutiert werden.

Tabelle 3.9: Testergebnisse zu System (3.43)

	CASIO	TI	
b	(x, y, z)	(x, y, z)	$\text{cond}(A_2)$
10^{-3}	(1 , 1 , 0.99999994)	(1 , 1 , 1)	$8013999990.99 \approx 8 \cdot 10^9$
10^{-4}	(1.01 , 1 , 0.999999)	(1 , 1 , 1)	$\approx 8 \cdot 10^{12}$
10^{-5}	Ma ERROR	(1 , 1 , 1)	$\approx 8 \cdot 10^{15}$
10^{-6}	Ma ERROR	(1 , 1 , 1)	$\approx 8 \cdot 10^{18}$
10^{-7}	Ma ERROR	(10000002 ,-9999999 , 0)	$\approx 8 \cdot 10^{21}$
10^{-8}	Ma ERROR	ERROR 03 SINGULAR MAT	ERROR 03 SINGULAR MAT

3.6 Ausgleichsrechnung (Regression), Polynominterpolation

Wir beschreiben die Ausgleichsrechnung als rein deterministisches Problem. Die gegebenen Datenpunkte $P_i(x_i, y_i)$, $i = 1, 2, \ldots, n$, in der x-y-Ebene werden als exakt vorausgesetzt. Auf die Regressionsanalyse der mathematischen Statistik als ein wesentliches Anwendungsgebiet der Ausgleichsrechnung, bei der die Daten als Realisierungen von Zufallsgrößen angesehen werden, sowie auf weitere Anwendungen, bei denen auch fehlerbehaftete Meßpunkte als Datenpunkte zugelassen sind, können wir hier nicht eingehen, siehe z. B. [7].

Die mathematische Aufgabe der linearen Ausgleichsrechnung besteht darin, aus einer Menge von sogenannten *Ansatzfunktionen*

$$y = y(x) = y(x; a_1, \ldots, a_m) = \sum_{j=1}^{m} a_j \varphi_j(x) \tag{3.51}$$

diejenige zu bestimmen, die im Sinne der Gaußschen Methode der kleinsten Fehlerquadrate die vorgegebenen n Datenpunkte $P_i(x_i, y_i)$ approximiert. Dabei sind in (3.51) m sowie die Funktionen $\varphi_1(x), \varphi_2(x), \ldots, \varphi_m(x)$ fest vorgegeben und die Parameter $a_1, a_2, \ldots, a_m$ frei wählbar. Die Approximationsgüte einer Ansatzfunktion $y(x; a_1, \ldots, a_m)$ bez. der Punkte P_i wird bei der Methode der kleinsten Quadrate durch die Summe der Abweichungsquadrate

$$F(a_1, \ldots, a_m) = \sum_{i=1}^{n} \left(y(x_i; a_1, \ldots, a_m) - y_i\right)^2 \tag{3.52}$$

charakterisiert, d. h., die Differenz $y(x_i; a_1, \ldots, a_m) - y_i$ wird für jeden Punkt P_i gebildet, quadriert, und es wird über alle Datenpunkte summiert. Folglich ist die Approximationsgüte eine Funktion der m im Ansatz (3.51) enthaltenen Parameter $a_1, \ldots, a_m$. Die Approximationsgüte ist für einen Parametersatz $\bar{a}_1, \ldots, \bar{a}_m$ am besten, wenn

$$F(\bar{a}_1, \ldots, \bar{a}_m) \leq F(a_1, \ldots, a_m) \tag{3.53}$$

für alle $a_1 \in \mathbb{R}, \ldots, a_m \in \mathbb{R}$ gilt, d. h. falls $(\bar{a}_1, \ldots, \bar{a}_m)$ eine globale Minimumstelle von F ist, vgl. Abschnitt 3.4.

Der Funktionswert (3.52) kann in der Form

$$F(a_1, \ldots, a_m) = |Aa - b|^2 \tag{3.54}$$

mit der (n, m)–Matrix A und den Vektoren a und b gemäß

$$A = \begin{bmatrix} \varphi_1(x_1) & \cdots & \varphi_m(x_1) \\ \vdots & & \vdots \\ \varphi_1(x_n) & \cdots & \varphi_m(x_n) \end{bmatrix}, \quad a = \begin{pmatrix} a_1 \\ \vdots \\ a_m \end{pmatrix}, \quad b = \begin{pmatrix} y_1 \\ \vdots \\ y_n \end{pmatrix} \tag{3.55}$$

und mit dem Euklidischen Betrag $|c|$ des Vektors $c := Aa - b$ geschrieben werden.

Bevor wir die allgemeinen Überlegungen fortsetzen, wollen wir darauf eingehen, welche Arten von Ansatzfunktionen (3.51) auf CASIO und TI standardmäßig vorhanden sind. Man findet die Ausgleichsrechnung (Regression) in den Handbüchern in den Abschnitten über Statistik bzw. auf den Rechnern in den Statistik-Menüs. Wir kommen im Beispiel 3.17 darauf zurück. Es folgen nun die auf CASIO verfügbaren Ansatzfunktionen in den dort verwendeten Bezeichnungen:

(i) Lineare Regression $y =$ a$\cdot x+$ b .
In der Schreibweise (3.51) ist $m = 2$ und z. B. $a_1 =$ a, $a_2 =$ b, $\varphi_1(x) = x$, $\varphi_2(x) = 1$.

(ii) Med-Med-Anpassung $y =$ a$\cdot x+$ b .
Die Ansatzfunktion ist dieselbe wie bei der linearen Regression. Die Anpassung erfolgt jedoch nicht nach der Gaußschen Methode der kleinsten Fehlerquadrate, so daß sich die Ergebnisse im allgemeinen von denen von (i) unterscheiden werden. Die angepaßte Gerade ist die sogenannte Tukeysche Ausgleichsgerade, die sogenannte *Ausreißer* unter den Datenpunkten P_i mit geringerer Wichtung berücksichtigt. Bei der Gaußschen Methode der kleinsten Fehlerquadrate werden alle P_i gleichberechtigt behandelt. Einzelheiten zur Tukeyschen Ausgleichsgeraden findet man z. B. in [16]. Auf dem TI-85 ist diese spezielle Ausgleichsmethode nicht verfügbar.

(iii) Quadratische Regression $y =$ a$\cdot x^2+$ b $\cdot x+$ c .
In der Schreibweise (3.51) ist $m = 3$ und z. B. $a_1 =$ a, $a_2 =$ b, $a_3 =$c, $\varphi_1(x) = x^2$, $\varphi_2(x) = x$, $\varphi_3(x) = 1$.

(iv) Kubische Regression $y =$ a$\cdot x^3+$ b $\cdot x^2+$ c$\cdot x+$ d .
Die Zuordnung zu (3.51) erfolgt analog zur quadratischen Regression.

(v) Quartische Regression $y =$ a$\cdot x^4+$ b $\cdot x^3+$ c$\cdot x^2+$ d$\cdot x+$ e .
Die Zuordnung zu (3.51) ist analog zur quadratischen Regression möglich.

(vi) Logarithmische Regression $y = \mathsf{a} + \mathsf{b} \cdot \ln x\,,\ x > 0$.
In der Schreibweise (3.51) ist $m = 2$ und z. B. $a_1 = \mathsf{a}$, $a_2 = \mathsf{b}$, $\varphi_1(x) = 1$, $\varphi_2(x) = \ln x$.

(vii) Exponentielle Regression $y = \mathsf{a} \cdot e^{\mathsf{b}x}$, $\mathsf{a} > 0$ und damit $y > 0$.
Eine direkte Zuordnung zu (3.51) ist nicht möglich. Logarithmiert man jedoch die Gleichung $y = \mathsf{a} \cdot e^{\mathsf{b}x}$, so erhält man $\ln y = \ln \mathsf{a} + \mathsf{b} \cdot x$ und mit $\tilde{y} := \ln y$ die lineare Gleichung $\tilde{y} = \ln \mathsf{a} + \mathsf{b} \cdot x$, die (3.51) zugeordnet werden kann. Es ist $m = 2$ und z. B. $a_1 = \ln \mathsf{a}$, $a_2 = \mathsf{b}$, $\varphi_1(x) = 1$, $\varphi_2(x) = x$. Selbstverständlich erfolgt die logarithmische Transformation intern, so daß für den Anwender keine zusätzliche Arbeit entsteht.

(viii) Potenzregression $y = \mathsf{a} \cdot x^{\mathsf{b}}$, $x > 0$, $\mathsf{a} > 0$ und damit $y > 0$.
Eine Zuordnung zu (3.51) ist wie bei der exponentiellen Regression durch Logarithmieren und Einführen der neuen Koordinaten $(\tilde{x}, \tilde{y}) = (\ln x, \ln y)$ möglich: $\tilde{y} = \ln \mathsf{a} + \mathsf{b} \cdot \tilde{x}$.

Auf dem TI-85 stehen bis auf die Med-Med-Anpassung dieselben Ansatzfunktionen wie auf dem CASIO zur Verfügung. Bei der exponentiellen Anpassung wird auf dem TI für die Ansatzfunktion die Schreibweise $y = \mathsf{a} \cdot \mathsf{b}^x$, $\mathsf{a} > 0$, $\mathsf{b} > 0$ und damit $y > 0$, verwendet. Wegen $y = \mathsf{a} \cdot \mathsf{b}^x = \mathsf{a} \cdot e^{\ln \mathsf{b}^x} = \mathsf{a} \cdot e^{x \ln \mathsf{b}}$ entspricht diese Ansatzfunktion qualitativ der auf dem CASIO.

Bevor wir konkrete Beispiele untersuchen, wenden wir uns wieder dem Approximationsproblem mit der Ansatzfunktion (3.51) zu. Es gelten die folgenden Sätze:

Satz 3.3. *Der Parametersatz $\bar{a}_1, \ldots, \bar{a}_m$ ist genau dann globale Minimumstelle der Approximationsgütefunktion (3.54), falls der Vektor $\bar{a} := \begin{pmatrix} \bar{a}_1 \\ \vdots \\ \bar{a}_m \end{pmatrix}$ das sogenannte Gaußsche Normalgleichungssystem*

$$A^T A\, a = A^T b \tag{3.56}$$

löst.

Satz 3.4. *Das Normalgleichungssystem (3.56) und damit die Ausgleichsaufgabe sind stets lösbar.*

(i) Die Koeffizientenmatrix $A^T A$ des linearen Gleichungssystems (3.56) sei regulär. Dann hat (3.56) genau eine Lösung $\bar{a}$. Folglich besitzt die Ausgleichsaufgabe genau eine bestapproximierende Funktion $y(x; \bar{a}_1, \ldots, \bar{a}_m)$.

(ii) *Die Matrix $A^T A$ sei singulär. Dann hat (3.56) unendlich viele Lösungen $\bar{a}$. Damit besitzt die Ausgleichsaufgabe unendlich viele Bestapproximierenden $y(x; \bar{a}_1, \dots, \bar{a}_m)$.*

Hinsichtlich der Grundlagen dieser beiden Sätze sei z. B. auf [3] oder [8] verwiesen.

Erläuterungen zu (3.56): Die (m, n)-Matrix $A^T = (a_{ij}^T)$ ist die zu A transponierte Matrix, deren i-te Zeile gerade die i-te Spalte der (n, m)-Matrix $A = (a_{kl})$ ist, d. h., es gilt $a_{ij}^T := a_{ji},\ i = 1, \dots, m;\ j = 1, \dots, n$. Die Matrix $A^T A$ in (3.56) ist demnach eine (m, m)-Matrix. Ferner ist $A^T b$ eine $(m, 1)$-Matrix, d. h. ein Spaltenvektor mit m Elementen. Folglich stellen die Normalgleichungen (3.56) ein lineares Gleichungssystem aus m Gleichungen für die im Vektor a gemäß (3.55) zusammengefaßten Unbekannten $a_1, \dots, a_m$ dar. Im Beispiel 3.17 wird eine konkrete Approximationsaufgabe explizit durch Aufstellen und Lösen der Normalgleichungen bearbeitet, was für das Verständnis von Satz 3.4 förderlich sein kann.

Es gibt zwei Wege zur numerischen Lösung der betrachteten Ausgleichsprobleme. Der eine Weg beruht auf der Lösung der Normalgleichungen (3.56) mit dem Gaußschen Algorithmus oder mit speziellen Varianten des Gaußschen Algorithmus, welche die konkreten Eigenschaften der Koeffizientenmatrix $A^T A$ ausnutzen. Dabei wird mit dem Gaußschen Algorithmus festgestellt, welcher der beiden Fälle in Satz 3.4 vorliegt, und im Fall (i) wird die eindeutige Lösung $\bar{a}$ von (3.56) – bei exakter Rechnung bzw. abgesehen von Rundungseffekten bei Gleitpunktrechnung – ermittelt. Im Fall (ii) erhält man auf dem beschriebenen Weg vermittels des Gaußschen Algorithmus entsprechend Abschnitt 3.5.1 oder 3.5.2 keine Lösung, obgleich es ja unendlich viele Lösungen gibt. Die Rechnung endet auf dem CASIO mit Ma ERROR und auf dem TI mit ERROR 03 SINGULAR MAT. Allerdings besitzt der Fall (ii) bei praktischen Anwendungen der Ausgleichsrechnung eine untergeordnete Bedeutung gegenüber (i). Die Normalgleichungen (3.56) können sehr schlecht konditioniert sein, vgl. Abschnitt 3.5.2. Um numerische Stabilität zu sichern, ist die mit dem Gaußschen Algorithmus ermittelte Näherungslösung durch die sogenannte Nachiteration zu verbessern, auf die wir schon im Abschnitt 3.5.2 hingewiesen haben. Der zweite Weg zur Lösung von Ausgleichsaufgaben beruht auf einer sogenannten QR-Zerlegung der Matrix A, s. z. B. [15]. Wir erwähnen hier nur, daß die entsprechenden Algorithmen numerisch stabil sind.

Man kann davon ausgehen, daß auf den Taschenrechnern die Ausgleichsprobleme über die Normalgleichungen (3.56) gelöst werden. Dazu untersuchen wir die Regularität der Koeffizientenmatrix $A^T A$ in (3.56) für den Fall polynomialer

Ansatzfunktionen (3.51), d. h. $\varphi_j(x) = x^{j-1}$, $j = 1, \dots, m$. Die Mehrzahl der auf den Taschenrechnern verfügbaren Ansatzfunktionen ist von diesem Typ. Die Matrix A gemäß (3.55) hat jetzt die Gestalt

$$A = \begin{bmatrix} 1 & x_1 & (x_1)^2 & \cdots & (x_1)^{m-1} \\ \vdots & \vdots & \vdots & & \vdots \\ 1 & x_n & (x_n)^2 & \cdots & (x_n)^{m-1} \end{bmatrix}. \tag{3.57}$$

Satz 3.5.

(i) Es sei die Anzahl n der Datenpunkte $P_i(x_i, y_i)$ nicht kleiner als die Anzahl m der Parameter $a_1, \dots, a_m$ in der polynomialen Ansatzfunktion gemäß (3.51). Dann ist die Matrix A^TA mit A nach (3.57) genau dann regulär, wenn mindestens m der n Abszissenwerte $x_1, \dots, x_n$ paarweise verschieden sind.

(ii) Im Fall $n < m$ ist die Matrix A^TA mit A nach (3.57) singulär.

Der Beweis dieses Satzes kann hier nicht ausgeführt werden.

Folgerung 3.6. *Es sei speziell $n = m$, und alle $x_1, \dots, x_n$ seien paarweise verschieden. Dann ist die Matrix A^TA mit A nach (3.57) regulär. Damit sind (3.56) und die Ausgleichsaufgabe eindeutig lösbar. Für die Bestapproximierende*

$$y(x; \bar{a}_1, \dots, \bar{a}_n) = \bar{a}_1 + \bar{a}_2 x + \bar{a}_3 x^2 + \dots + \bar{a}_n x^{n-1} \tag{3.58}$$

gilt

$$y(x_i; \bar{a}_1, \dots, \bar{a}_n) = y_i\,, \quad i = 1, \dots, n, \tag{3.59}$$

d. h., der Graph von (3.58) verläuft durch alle Datenpunkte $P_i(x_i, y_i)$. Folglich ist das Polynom (3.58) das Interpolationspolynom vom Höchstgrad $n - 1$ zu den n Punkten $P_1, \dots, P_n$.

Somit ist man in der Lage, auf den Taschenrechnern Interpolationspolynome zu berechnen, indem man eine spezielle Ausgleichsaufgabe löst. Es sei angemerkt, daß man Interpolationspolynome in der Regel nicht auf diesem Weg, sondern mittels eigenständiger Algorithmen ermittelt, s. z. B. [15], [10]. Da jedoch die direkte Bestimmung von Interpolationspolynomen auf den betrachteten Taschenrechnern – mit Ausnahme der linearen Polynominterpolation auf dem TI – standardmäßig nicht vorgesehen ist, kann der Weg über die Ausgleichsrechnung im Sinne einer *Notvariante* akzeptiert werden.

Der erste Teil der Folgerung 3.6 ergibt sich unmittelbar aus (i) des Satzes 3.5. Da aus der Regularität von $A^T A$ im Fall $m = n$ die Regularität von A und somit auch von A^T folgt, erhält man aus (3.56) nach der Multiplikation mit $(A^T)^{-1}$ das lineare Gleichungssystem $A\,x = b$, d. h. (3.59).

Beispiel 3.17. Wir wollen mit mehreren Datensätzen arbeiten, wobei wir uns aus Darstellungsgründen mit einer kleinen Anzahl $n = 3$ bzw. $n = 6$ von Datenpunkten begnügen.

	Daten 1		Daten 2		Daten 3		Daten 4	
i	x_i	y_i	x_i	y_i	x_i	y_i	x_i	y_i
1	0	4	0	2	0	-2	0	4
2	1	-2	1	2	1	2	1	-2
3	-2	2	-2	2	3	28	-2	2
4							0	2
5							1	1
6							0	4

a) Daten 1: Wir wählen als Ansatzfunktion (3.51) eine Gerade $y = a_1 + a_2 \cdot x$ und ermitteln zuerst a_1 und a_2 per Handrechnung.

Es ist $m = 2$, und nach (3.55) , (3.57) erhält man

$$A = \begin{bmatrix} 1 & 0 \\ 1 & 1 \\ 1 & -2 \end{bmatrix} , \quad b = \begin{pmatrix} 4 \\ -2 \\ 2 \end{pmatrix}$$

und damit

$$A^T A = \begin{bmatrix} 1 & 1 & 1 \\ 0 & 1 & -2 \end{bmatrix} \begin{bmatrix} 1 & 0 \\ 1 & 1 \\ 1 & -2 \end{bmatrix} = \begin{bmatrix} 3 & -1 \\ -1 & 5 \end{bmatrix} , \quad A^T b = \begin{pmatrix} 4 \\ -6 \end{pmatrix} .$$

Folglich lautet das System (3.56) der Normalgleichungen

$$\begin{aligned} 3\,a_1 \; - \; a_2 &= 4 \\ -a_1 \; + \; 5\,a_2 &= -6 \; . \end{aligned}$$

Das System hat die eindeutige Lösung $a_1 = 1$, $a_2 = -1$. Damit ist auch das Ausgleichsproblem eindeutig lösbar. Die Ausgleichsgerade lautet $y = 1 - x$. Die eindeutige Lösbarkeit folgt auch aus (i) von Satz 3.4 bzw. Satz 3.5.

Wir bearbeiten jetzt das Beispiel auf dem CASIO. Dazu gehen wir in das STAT-Menü und geben x_1 , x_2 , x_3 z. B. in Liste 1 und y_1 , y_2 , y_3 z. B. in Liste 2 ein,

Tabelle 3.10: Eingabe der Daten im STAT-Menü

	List1	List2	List3	List4
1	0	4		
2	1	-2		
3	-2	2		
4				
5				

s. Tabelle 3.10. Wir wollen nun die Punkte $P_i(x_i, y_i)$ graphisch darstellen, die Ausgleichsgerade berechnen und mit den $P_i(x_i, y_i)$ in einem Koordinatensystem darstellen. Dies ist z. B. wie folgt möglich:

(F1) (GRPH) (F6) (Set)

StatGraph1		
Graph Type	:	Scatter
XList	:	List1
YList	:	List2
Frequency	:	1
Mark Type	:	□
Graph Color	:	Blue

Die angegebenen Einstellungen erzeugen die nachfolgenden Ausgaben auf dem Display. Entsprechend können andere Markierungen für die P_i mittels Mark Type oder eine andere Farbe über Graph Color gewählt werden. Wichtig ist die korrekte Angabe der Listen, in denen die Abszissen x_i und die Ordinaten y_i der Datenpunkte P_i gespeichert sind.

(EXIT) (F1) (GRPH1) (F1) (X) (F6) (Draw)

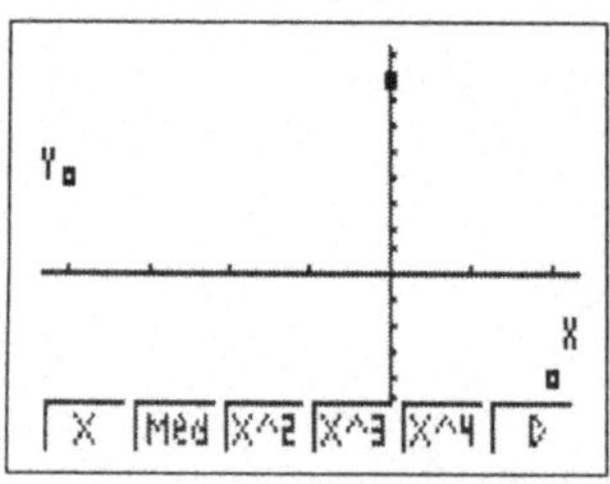

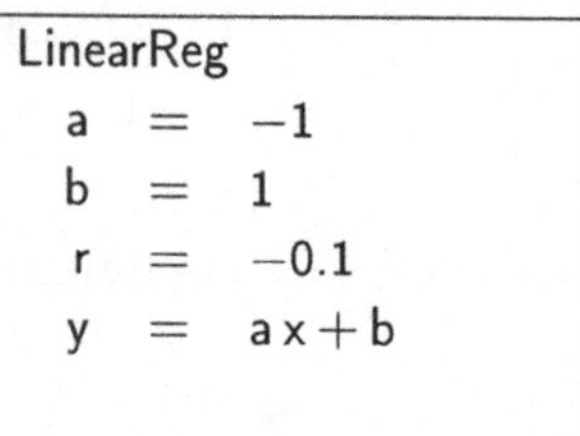

LinearReg
a = −1
b = 1
r = −0.1
y = a x + b

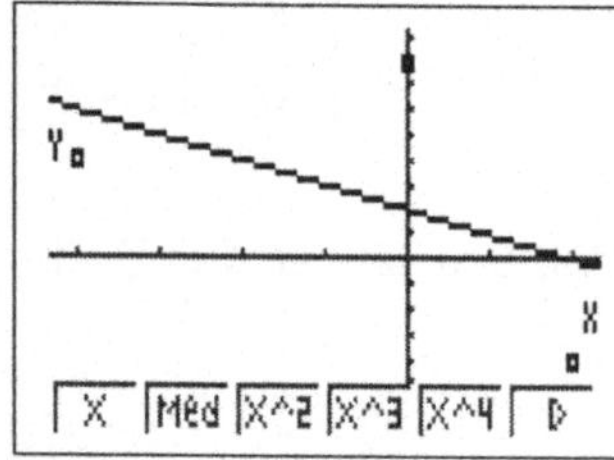

Auf die Bedeutung des empirischen Korrelationskoeffizienten r können wir hier nicht eingehen. Man kann jetzt die Ausgleichsfunktion mittels (F5) (COPY) im Graphikfunktionsspeicher ablegen. So schafft man die Möglichkeit, die Ausgleichsfunktion später im GRAPH-Menü mittels G-Solv verwenden zu können, um z. B. Extremstellen berechnen zu lassen.

Jetzt kann noch eine weitere Ausgleichsfunktion berechnet und dargestellt werden, etwa die quadratische Ausgleichsfunktion:

(F3) (X^2)

QuadReg
a = −2.3333333
b = −3.6666666
c = 4
y = a x² + b x + c

(F6) (Draw)

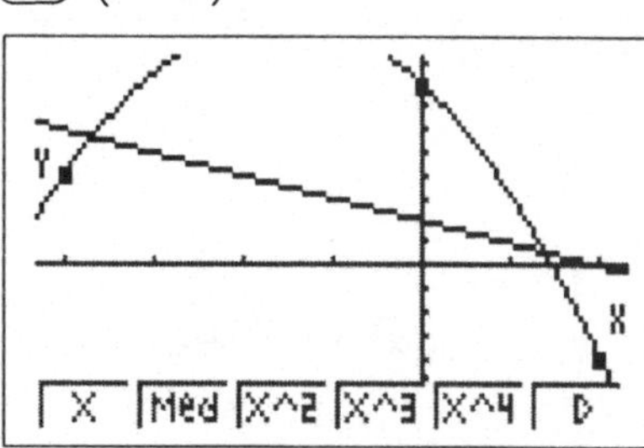

Der Versuch, mittels (F4) (X^3) die kubische oder mittels (F5) (X^4) die quartische Ausgleichsfunktion zu berechnen, endet erwartungsgemäß mit Ma ERROR, weil die Anzahl m der Ansatzparameter mit $m = 4$ bzw. $m = 5$ größer als die Zahl $n = 3$ der Datenpunkte ist und damit die Ausgleichsaufgabe nach (ii) in Satz 3.5 und in Satz 3.4 mehrdeutig lösbar ist. Bei der quadratischen Ausgleichskurve y= $-2.3333333\,\mathsf{x}^2 - 3.6666666\,\mathsf{x} + 4$ handelt es sich nach Folgerung 3.6 – abgesehen von Rundungsfehlern – um das Interpolationspolynom $y = -\frac{7}{3}x^2 - \frac{11}{3}x + 4$ vom Höchstgrad $n - 1 = 2$. In der Tat sind die Interpolationsbedingungen $y(0) = 4$, $y(1) = -2$, $y(-2) = 2$ erfüllt.

Die Bearbeitung dieser Aufgabe auf dem TI führt zu vergleichbaren Resultaten.

b) Daten 2: Das Besondere an den Daten 2 ist, daß für alle Ordinaten $y_1 = y_2 = y_3 = 2$ gilt. Sowohl das lineare als auch das quadratische Ausgleichsproblem hat die eindeutige Lösung $y = y(x) = 2$. Die eindeutige Lösbarkeit folgt wie bei den Daten 1 aus (i) von Satz 3.5, da die Abszissen x_1, x_2, x_3 paarweise verschieden sind. Man beachte, daß das Interpolationspolynom vom Höchstgrad 2 bei den Daten 2 den Grad Null hat.

Auf dem CASIO gibt es gewisse Probleme mit den Daten 2. Die Datenpunkte lassen sich nicht auf dem Display darstellen und die lineare Ausgleichsfunktion läßt sich nicht berechnen. Dagegen erhält man $y = 0 \cdot x^2 + 0 \cdot x + 2$ als die richtige Lösung der quadratischen Ausgleichsaufgabe. Auf dem TI gibt es keine Probleme.

c) Daten 3: Die lineare und die quadratische Ausgleichsaufgabe sind eindeutig lösbar. Die Lösung der quadratischen Ausgleichsaufgabe ist hier das Interpolationspolynom vom Höchstgrad 2: $y = 3x^2 + x - 2$. Die kubische und quartische Ausgleichsaufgabe sind nicht eindeutig lösbar, vgl. Daten 1, was auf den GTR durch eine Mitteilung angezeigt werden sollte. Während der TI erwartungsgemäß reagiert, gibt es auf CASIO Probleme im kubischen und quartischen Fall.

Allerdings sei angemerkt, daß auch der TI versagen kann, s. d) unten.

Der CASIO liefert die falschen Resultate:

CubicReg	
a	$= 0$
b	$= 0$
c	$= 0$
d	$= -2$
y	$= ax^3 + bx^2 + cx + d$

QuartReg	
a	$= -2$
b	$= 7$
c	$= -4$
d	$= -20$
e	$= -2$
y	$= ax^4 + bx^3 + cx^2 + dx + e$

Wir zeigen, daß die ausgegebenen Parameterwerte im kubischen Fall keine Lösung der Ausgleichsaufgabe sind. Angenommen, es seien $\bar{a}_1$, $\bar{a}_2$, $\bar{a}_3$, $\bar{a}_4$ die einer Bestapproximierenden entsprechenden Parameter. Dann gilt wegen (3.53) für die Approximationsgüte, d. h. für die Minimalabweichung,

$$0 \le F(\bar{a}_1,\, \bar{a}_2,\, \bar{a}_3,\, \bar{a}_4) \le F(a_1, a_2, a_3, 0)$$

für alle a_1, a_2, a_3 und damit

$$0 \le F(\bar{a}_1,\, \bar{a}_2,\, \bar{a}_3,\, \bar{a}_4) \le \min_{a_1,a_2,a_3} F(a_1, a_2, a_3, 0)\,,$$

wobei

$$\min_{a_1,a_2,a_3} F(a_1, a_2, a_3, 0) = \min_{a_1,a_2,a_3} \sum_{i=1}^{3} \left(a_1 + a_2 x_i + a_3 x_i^2 - y_i\right)^2 = 0$$

ist, da das quadratische Ausgleichsproblem mit drei Datenpunkten, deren Abszissen paarweise verschieden sind, durch das entsprechende quadratische Interpolationspolynom eindeutig lösbar ist. Also verschwindet auch die Minimalabweichung $F(\bar{a}_1,\, \bar{a}_2,\, \bar{a}_3,\, \bar{a}_4)$ für die Ausgleichsaufgabe. Für die auf dem CASIO ermittelte kubische Ausgleichsfunktion ist aber die Approximationsgüte

$$F(-2,0,0,0) = \sum_{i=1}^{3} \left(-2 + 0 \cdot x_i + 0 \cdot x_i^2 + 0 \cdot x_i^3 - y_i\right)^2 > 0\,.$$

Folglich kann die auf dem Display angezeigte Funktion keine Lösung des kubischen Ausgleichsproblems sein. Analog argumentiert man im quartischen Fall.

Wie lassen sich die falschen Resultate erklären? Die Normalgleichungen (3.56) mit A gemäß (3.57) lauten im Fall des kubischen Ausgleichsproblems

$$\begin{bmatrix} 3 & 4 & 10 & 28 \\ 4 & 10 & 28 & 82 \\ 10 & 28 & 82 & 244 \\ 28 & 82 & 244 & 730 \end{bmatrix} \begin{pmatrix} a_1 \\ a_2 \\ a_3 \\ a_4 \end{pmatrix} = \begin{pmatrix} 28 \\ 86 \\ 254 \\ 758 \end{pmatrix}. \tag{3.60}$$

Die Koeffizientenmatrix A^TA von (3.60) ist nach (ii) von Satz 3.5 singulär, was sich auch mit dem Gaußschen Algorithmus bei exakter Rechnung bestätigen läßt, vgl. Abschnitt 3.5.1. Löst man (3.60) jedoch auf dem CASIO im EQUA-Menü, so erhält man das Ergebnis $a_1 = -2$, $a_2 = 0$, $a_3 = 0$, $a_4 = 0$, d. h. dasselbe Resultat wie bei der kubischen Regression. Die Ursache für die falsche Lösbarkeitsentscheidung ist in den bei der Ausführung des Gaußschen Algorithmus auftretenden Rundungsfehlern zu suchen, vgl. auch Beispiel 3.15.

d) Daten 4: Unter den Daten 4 gibt es Punkte P_i mit gleicher Abszisse, und es ist sogar $P_1 = P_6$. Das ist zulässig, da wir bisher im allgemeinen keinerlei Voraussetzungen an die Datenpunkte P_i gestellt haben. Die Maximalzahl, für welche die Abszissen x_i paarweise verschieden sind, beträgt drei. Folglich sind nach den Sätzen 3.5 und 3.4 sowohl das lineare als auch das quadratische Ausgleichsproblem eindeutig lösbar. Die kubische und die quartische Ausgleichsaufgabe besitzen keine eindeutige Lösung. In diesen beiden Fällen ist demnach ein Abbruch der Rechnung auf den Taschenrechnern zu erwarten. Während hier der CASIO erwartungsgemäß reagiert, liefert der TI unbrauchbare Resultate:

$$y(x) = \mathsf{P3Reg}(x) = 9\text{E}12 \cdot x^3 - \text{E}13 \cdot x^2 - 1.1\text{E}14 \cdot x + 1.7 \tag{3.61}$$

$$y(x) = \mathsf{P4Reg}(x) = -2.495x^4 - 2.88x^3 + 4.75x^2 - 1.061\,111\,111\,11x + 3.333\,333\,333\,33 \tag{3.62}$$

Die Situation ist ähnlich wie bei den Daten 3. Man überzeugt sich zunächst, daß die (3.61) und (3.62) entsprechenden Abweichungsquadratsummen gemäß (3.52) größer sind als die der quadratischen Ausgleichsfunktion

$$y(x) = \mathsf{P2Reg}(x) = -1.5x^2 - 2.333\,333\,333\,33x + 3.333\,333\,333\,33$$

entsprechende Abweichungsquadratsumme. Folglich können (3.61) und (3.62) keine Lösungen sein. Wir wollen im Fall der kubischen Ansatzfunktion den Ursachen nachgehen. Das Normalgleichungssystem (3.56) mit A nach (3.57) lautet

$$\begin{bmatrix} 6 & 0 & 6 & -6 \\ 0 & 6 & -6 & 18 \\ 6 & -6 & 18 & -30 \\ -6 & 18 & -30 & 66 \end{bmatrix} \begin{pmatrix} a_1 \\ a_2 \\ a_3 \\ a_4 \end{pmatrix} = \begin{pmatrix} 11 \\ -5 \\ 7 \\ -17 \end{pmatrix}. \tag{3.63}$$

Die Koeffizientenmatrix A^TA ist singulär. Beim Versuch, (3.63) auf dem TI im SIMULT-Menü zu lösen, wird dies durch die Meldung ERROR 03 SINGULAR MAT bestätigt. Damit läßt sich also das falsche Resultat (3.61) nicht erklären. Wir erinnern uns nun, daß auf dem TI die Koeffizienten von (3.61) in der Reihenfolge Koeffizient von x^3, Koeffizient von x^2, ... auf dem Display ausgegeben werden. Das könnte bedeuten, daß auch die entsprechenden Unbekannten im Normalgleichungssystem in dieser Reihenfolge auftreten. Diese Reihenfolge ergibt sich, wenn man das kubische Polynom nicht wie bisher der allgemeinen Ansatzfunktion (3.51) zuordnet, sondern in der Form $\varphi_j(x) = x^{4-j}, j = 1, 2, 3, 4$. Die Ansatzfunktion (3.51) lautet damit $y(x) = a_1x^3 + a_2x^2 + a_3x + a_4$. Also entspricht jetzt zum Beispiel der Koeffizient a_1 dem bisherigen a_4. Die zugehörige Matrix A gemäß (3.55) und das Normalgleichungssystem (3.56) lauten demnach:

$$A = \begin{bmatrix} (x_1)^3 & \cdots & x_1 & 1 \\ (x_2)^3 & \cdots & x_2 & 1 \\ \vdots & & \vdots & \vdots \\ (x_5)^3 & \cdots & x_5 & 1 \\ (x_6)^3 & \cdots & x_6 & 1 \end{bmatrix}, \quad \begin{bmatrix} 66 & -30 & 18 & -6 \\ -30 & 18 & -6 & 6 \\ 18 & -6 & 6 & 0 \\ -6 & 6 & 0 & 6 \end{bmatrix} \begin{pmatrix} a_1 \\ a_2 \\ a_3 \\ a_4 \end{pmatrix} = \begin{pmatrix} -17 \\ 7 \\ -5 \\ 11 \end{pmatrix} \tag{3.64}$$

Die Matrix A entsteht aus (3.57) durch Anordnung der Spalten in umgekehrter Reihenfolge. Entsprechend ergeben sich die Normalgleichungen (3.64) aus (3.63) durch Vertauschung von Gleichungen sowie durch Vertauschung und Umbezeichnung der Variablen. Also besitzen (3.64) und (3.63) dieselben Lösungen, abgesehen von der Umbezeichnung. Damit bleibt die Singularität der Koeffizientenmatrix A^TA in (3.64) erhalten, und (3.64) ist nicht eindeutig lösbar. Versucht man nun, die Normalgleichungen (3.64) auf dem TI im SIMULT-Menü zu lösen, so ergibt sich $a_1 = a_2 = 6.5\text{E}13$, $a_3 = -1.3\text{E}14$, $a_4 = -1$ als eindeutiges Ergebnis. Dies sind in etwa die Koeffizienten von P3Reg(x), vgl. (3.61). Da es sich hier nicht genau um die Polynomkoeffizienten handelt, wird auf dem TI wohl ein etwas anderer Algorithmus zur Berechnung von P3Reg verwendet. Es dürfte aber nachvollziehbar sein, daß das falsche Resultat auf Rundungsfehler zurückzuführen ist. Es sei dabei erwähnt, daß der TI für die Koeffizientenmatrix A^TA der Normalgleichungen (3.64) die sehr große Konditionszahl 7.2E28 ermittelt. Auf Grund der Überlegungen im dritten Unterabschnitt des Abschnittes 3.5.2 ist dies ein Hinweis darauf, daß die vom Rechner ermittelte „Lösung" des Normalgleichungssystems (3.64) möglicherweise von der „exakten Lösung" stark abweicht.

Literatur

[1] BAUKNECHT, W.; ZEHNDER, C. A.: *Grundlagen für den Informatikeinsatz.* 5. Aufl. Stuttgart: Teubner-Verlag 1997.

[2] BENKER, H.: *Ingenieurmathematik mit Computeralgebra-Systemen.* Braunschweig: Vieweg 1998.

[3] BUNSE, W.; BUNSE-GERSTNER, A.: *Numerische lineare Algebra.* Stuttgart: Teubner-Verlag 1985.

[4] DIETZE, S.; PÖNISCH, G.: *Fortbildungskurs: Graphikfähige Taschenrechner CASIO CFX-9850G und Numerische Mathematik.* Vorlesungsskript. Technische Universität Dresden 1997.

[5] ENGELN-MÜLLGES, G.; REUTTER, F.: *Numerik-Algorithmen mit* ANSI C-*Programmen.* Mannheim: BI Wissenschaftsverlag 1993.

[6] GÖPFERT, A.; BITTNER, L.; ELSTER, K.-H.; NOŽIČKA, F.; PIEHLER, J.; TICHATSCHKE, R.: *Optimierung und optimale Steuerung.* Lexikon der Optimierung. Berlin: Akademie-Verlag 1986.

[7] HARBARTH, K.; RIEDRICH, T.; SCHIROTZEK, W.: *Differentialrechnung für Funktionen mit mehreren Variablen.* 8. Aufl. Leipzig: Teubner-Verlag 1993.

[8] KIEŁBASINSKI, A.; SCHWETLICK, H.: *Numerische Lineare Algebra.* Berlin: Deutscher Verlag der Wissenschaften 1989.

[9] KERNER, I.O.: *Numerische Mathematik mit Kleinrechnern.* Berlin: Deutscher Verlag der Wissenschaften 1988.

[10] OPFER, G.: *Numerische Mathematik für Anfänger.* Braunschweig: Vieweg 1993.

[11] REICHEL, H.-C.; MÜLLER, A.: *Mathematik mit dem TI-92.* Wien: Hölder-Pichler-Tempsky 1997.

[12] SCHÄFER, W.; GEORGI, K.; TRIPPLER, G.: *Mathematik-Vorkurs.* Übungs- und Arbeitsbuch für Studienanfänger. 3. Aufl. Leipzig: Teubner-Verlag 1997.

[13] Schirotzek, W.; Scholz, S.: *Starthilfe Mathematik.* 2. Aufl. Leipzig: Teubner-Verlag 1997.

[14] Schmidt, A.; Schweizer, W. (Hrsg.): *LS Mathematik – Analysis Eins.* Stuttgart: Klett-Verlag 1987.

[15] Schwetlick, H.; Kretzschmar, H.: *Numerische Verfahren für Naturwissenschaftler und Ingenieure – Eine computerorientierte Einführung.* Leipzig: Fachbuchverlag 1991.

[16] Stoyan, D.; Stoyan, H.; Jansen, U.: *Umweltstatistik. Statistische Verarbeitung und Analyse von Umweltdaten.* Leipzig: Teubner-Verlag 1997.

[17] Vetters, K.: *Formeln und Fakten.* Leipzig: Teubner-Verlag 1996.

[18] Zeidler, E. (Hrsg.): Teubner-Taschenbuch der Mathematik. Begründet von Bronstein, I.N.; Semendjajew, K.A. Leipzig: Teubner-Verlag 1996.

[19] Weber, K.; Zillmer, W. (Hrsg.): *Themenheft Grafikfähige Taschenrechner im Mathematikunterricht, Sekundarstufe II.* Berlin: Paetec 1997.

[20] Weber, K., Zillmer, W. (Hrsg.): *Mathematik – Leistungskurs: Analysis, Analytische Geometrie, Stochastik – Sekundarstufe II.* Berlin: Paetec 1996.

[21] Color Power Graphic CFX-9850G/9950G Bedienungsanleitung. Casio Electronics Co., Ltd. London.

[22] TI-85 Graphikrechner Gebrauchsanweisung. Texas Instruments Incorporated. Utrecht 1995.

[23] Landesinstitut für Lehrerfortbildung, Lehrerweiterbildung und Unterrichtsforschung von Sachsen-Anhalt (LISA) (Hrsg.): *Grafikfähige Taschenrechner im Mathematikunterricht, Sekundarstufe I und II, Unterrichtsmaterialien.* Berlin: Paetec 1997.

[24] Sächsisches Staatsinstitut für Bildung und Schulentwicklung, Comenius-Institut (Hrsg.): *Handreichung Abiturähnliche Aufgaben zur Analysis.* Dresden 1997.

Sachwortverzeichnis